JN108178

NEXT
ONE
新定番の技術を
しっかり学べる

動 かして 学ぶ ！

Git入門

冨永 和人 [著]

SE
SHOEISHA

本書内容に関するお問い合わせについて

　このたびは翔泳社の書籍をお買い上げいただき、誠にありがとうございます。
　弊社では、読者の皆様からのお問い合わせに適切に対応させていただくため、以下のガイドラインへのご協力をお願い致しております。
　下記項目をお読みいただき、手順にしたがってお問い合わせください。

ご質問される前に

　弊社Webサイトの「正誤表」をご参照ください。これまでに判明した正誤や追加情報を掲載しています。

　　　　正誤表　　https://www.shoeisha.co.jp/book/errata/

ご質問方法

　弊社Webサイトの「刊行物Q&A」をご利用ください。

　　　　刊行物　Q&A　https://www.shoeisha.co.jp/book/qa/

　インターネットをご利用でない場合は、FAXまたは郵便にて、下記翔泳社愛読者サービスセンターまでお問い合わせください。電話でのご質問は、お受けしておりません。

回答について

　回答は、ご質問いただいた手段によってご返事申し上げます。ご質問の内容によっては、回答に数日ないしはそれ以上の期間を要する場合があります。

ご質問に際してのご注意

　本書の対象を越えるもの、記述箇所を特定されないもの、また読者固有の環境に起因するご質問等にはお答えできませんので、あらかじめご了承ください。

郵便物送付先およびFAX番号

　送付先住所　　〒160-0006　　東京都新宿区舟町5
　FAX番号　　　03-5362-3818
　宛先　　　　　（株）翔泳社　愛読者サービスセンター

はじめに

本書の特徴

　この本は、操作をしながら学ぶGit（ギット）の入門書です。Gitは高機能で便利なバージョン管理システムですが、使い始めのうちは、中で何が起きているのかよく分からず、自分がやっている操作に自信が持てない、この操作をして大丈夫か恐い、などと感じがちです。この本は、それを乗り越えて、Gitが何をやっているかが感覚で分かるようになるための本です。

　そのために本書では、細かい説明にこだわらず、「習うより慣れろ」でとにかくGitを動かして学びます。ほとんどの節に演習をつけてあり、それらを実際に行なうことで、Gitが中で何をやっているかがだいたい分かって、安心して使えるようになるでしょう。

　それを乗り越えたら、個人向けのバージョン管理ができるまではすぐです。そこに到達してもらうことが、この本のもう1つの目的です。

　Gitが提供するバージョン管理機能はさまざまに応用できるため、Gitを使った開発手法は種類が豊富で、それらを支えるシステム（グラフィカルに操作できるものや、ネット上のサービスなど）も数多くあり、そのための情報はあふれています。本書でGitの「気持ち」を体得すれば、個々のシステムや開発手法に触れたときにも、それがGitをどのように利用していて、自分が何をすると中でどうなるかが感覚的に分かるようになるでしょう。

本書の内容

　この本の主な内容は以下の通りです。Gitの使い方の基本と、共同開発の入門となっています。

- 基本的な機能（コミット、チェックアウト、履歴を見るなど）
- ブランチを扱う機能、マージの仕方
- 簡単なタグの使い方
- リモートリポジトリの使い方
- 共用リポジトリを使った共同開発の基礎

　Gitのさらに高度な使い方については、Gitに付属のドキュメントや、多くの書籍、ネットの情報などを見ることになるでしょう。それらを理解できる基礎を上記の内容で提供します。

本書の使い方

　この本は2通りの使い方を想定しています。まず、学校の授業や講習会などで使いやすいように、トピックを細かく分けて、それぞれに演習をつけてあります。これによって、さまざまな時間枠や回数に対応しやすいようになっています。また、本文と演習を合わせてチュートリアル形式にすることにより、独学がしやすいようにも配慮しています。

　読者は、それぞれの節について、まず本文の説明をひと通り読んでから、それを見返しながら節末の演習に従って実際に操作をするとよいでしょう。

　各演習の解答は以下のサイトよりダウンロードできます。

- **演習の解答のダウンロードサイト**
  URL https://www.shoeisha.co.jp/book/download/9784798170855

- **講師の方へ**

　各節の終りにある演習は、独学に配慮し、本文を読めば問題なく実施できる難度にしてあります。学習者の理解を確認するためには、より高度な演習問題を設定されるのがよいと思います。また、節末の演習は章の中で基本的に連続しています。節を飛ばす場合には、その間を補う操作を説明されると学習者の助けになると思います。

実行環境と条件

この本は、コマンドラインでGitのコマンドが動作する環境を前提にしています。Gitがすでにインストールされて使えるようになっていれば、以下のコマンドを入力したときにヘルプのようなものが表示されるでしょう。

<code>コマンド</code>

```
$ git help
```

「$」はUNIX系OSのシェルのプロンプトで、Windowsであればコマンドプロンプトの「C:\~>」などに相当します。

もしGitがインストールされていないようであれば、UNIX系OSならパッケージ管理ツールでインストールするといいでしょう。Linuxではapt-getやyumなど、macOSではHomebrewなどのパッケージ管理ツールが便利です。Windowsの場合にはGit for Windowsというソフトウェアパッケージをダウンロードしてインストールするとよいでしょう。

これらのインストール方法については、『Pro Git』という書籍の内容（ URL http://git-scm.com/book/ja/v2、1.5節「Gitのインストール」）が参考になります。

本書の内容はGitのバージョン2.30.0に基づいています。

文字コードについて

Gitを使うときの文字コード（符号化方式）としては、バイトオーダマーク（BOM）なしのUTF-8を用いるのが安全です。読者の環境に応じて、以下の文字コードをUTF-8（BOMなし）に設定するとよいでしょう。

- コマンドラインでの入力と表示に使われる文字コード
- エディタで作成するファイルの文字コード

これらが揃っていないと、画面表示が「文字化け」することがあります。

設定は、コマンドラインツールとエディタそれぞれに対して個別に行なうか、OSによってはそれらを一度に行なえるでしょう（環境変数やシステムの設定パネルなどで）。

なお、もしも読者が通常使っている文字コードがUTF-8でない場合（例えばWindowsでシフトJISを普段使っているなど）、Gitの学習をしないときには設定を元に戻したほうがよいかもしれません。

操作例と表記

操作の例は、UNIX系OSのシェルで行なうものとして示します。そこで用いるコマンドも、cd、mkdir、catなど、UNIX系OSのものとしますが、その多くはWindowsのコマンドプロンプトでも共通です。

操作と実行例の表記は以下の通りとします。

- コマンドラインのプロンプトは$で示します。
- ユーザの入力は下線で示します。

  例：

  コマンド

  ```
  $ git init
  ```

本書について

本書は、筆者が2013年に発行し好評を頂いてきた電子書籍『わかるGit』を、Gitの新しいバージョンに合わせて内容を大幅に加筆・修正し、またリポジトリサービスGitHubの利用方法についての説明を盛り込んで、新たに発行するものです。

謝辞

本書について有益なコメントを下さった、権藤克彦、生野壮一郎、PHO、murachueの各氏に感謝致します。また、このたび改訂と出版の機会を与えて下さり編集の労をとって下さった翔泳社の宮腰隆之さんに深く感謝致します。

本書の対象読者と必要な事前知識、および構成

本書の対象読者と必要な事前知識

　本書はGitの操作に慣れていないエンジニアの方に向けた書籍です。Gitの操作方法と仕組みについて、実際に手を動かしながら学べます。

　WindowsやmacOS上でのコマンドライン操作の基礎知識があるとよいでしょう。

本書の構成

　本書は全6章で構成されています。

Chapter 1 では、Gitによるバージョン管理の基本的な流れについて説明します。またGitで使われる大事な用語についても説明します。

Chapter 2 では、Gitの基本的な操作方法を説明します。

Chapter 3 では、ブランチの基本的な使い方を説明します。

Chapter 4 では、タグの使い方を説明します。

Chapter 5 では、ネットワークの先にリポジトリを置いて使う方法を説明します。

Chapter 6 では、一度リポジトリ内に作ったコミットの履歴を操作する方法を説明します。

本書の動作環境と付属データ・会員特典データについて

本書の動作環境

　本書は表1、表2の環境で、問題なく動作することを確認しています。

▼表1：Windows

OS・ソフトウエア	バージョン
Windows	Home May 2021 Update バージョン 21H1
Git for Windows	Git-2.30.0-64-bit.exe

▼表2：macOS

OS・ソフトウエア	バージョン
macOS	macOS BigSur 11.5.2
Git (macOS)	git version 2.30.1 (Apple Git-130) Command Line Tools for Xcode

付属データ（演習の解答）のご案内

　P.ivでも記載していますが、本書の付属データ（演習の解答）は、以下のサイトからダウンロードして入手頂けます。

- 付属データのダウンロードサイト
  URL https://www.shoeisha.co.jp/book/download/9784798170855

注意

　付属データに関する権利は著者が所有しています。許可なく配布したり、Webサイトに転載したりすることはできません。

　付属データの提供は予告なく終了することがあります。あらかじめご了承ください。

会員特典データのご案内

　会員特典データは、以下のサイトからダウンロードして入手頂けます。

- 会員特典データのダウンロードサイト
  URL https://www.shoeisha.co.jp/book/present/9784798170855

注意

　会員特典データをダウンロードするには、SHOEISHA iD（翔泳社が運営する無料の会員制度）への会員登録が必要です。詳しくは、Webサイトをご覧ください。

　会員特典データに関する権利は著者および株式会社翔泳社が所有しています。許可なく配布したり、Webサイトに転載したりすることはできません。

　会員特典データの提供は予告なく終了することがあります。あらかじめご了承ください。

免責事項

　付属データおよび会員特典データの記載内容は、2021年10月現在の法令等に基づいています。

　付属データおよび会員特典データに記載されたURL等は予告なく変更される場合があります。

　付属データおよび会員特典データの提供にあたっては正確な記述につとめましたが、著者や出版社などのいずれも、その内容に対してなんらかの保証をするものではなく、内容やサンプルに基づくいかなる運用結果に関してもいっさいの責任を負いません。

　付属データおよび会員特典データに記載されている会社名、製品名はそれぞれ各社の商標および登録商標です。

著作権等について

　会員特典データの著作権は、著者および株式会社翔泳社が所有しています。個人で使用する以外に利用することはできません。許可なくネットワークを通じて配布を行うこともできません。個人的に使用する場合は、ソースコードの改変や流用は自由です。商用利用に関しては、株式会社翔泳社へご一報ください。

2021年10月

株式会社翔泳社　編集部

目次

Chapter 4　タグを使う 113

Chapter1

Git の基本

この章ではGitによるバージョン管理の基本的な流れについて説明します。またGitで使われるいくつかの大事な用語についても説明します。

G 01 Gitによるバージョン管理

Gitを使ったバージョン管理の流れと用語、そしてコマンドの使い方について説明します。

バージョン管理システムとは

　ソフトウェアを開発していると、プログラムにバグを入れてしまって以前のファイルの状態に戻したくなったり、そうでなくても以前のファイル内容を見たくなったりすることがあります。そんなときに便利なのが**バージョン管理システム**です。バージョン管理システムとは、ファイルの履歴を管理するシステムです。プログラマは、ファイルのこの状態をとっておきたいと思ったときに、そのファイルの内容をバージョン管理システムに入れます。この操作を**チェックイン**といいます。このチェックインされた状態が、1つの**バージョン**になります。バージョンを入れる場所を**リポジトリ**と呼びます（図1.1）。

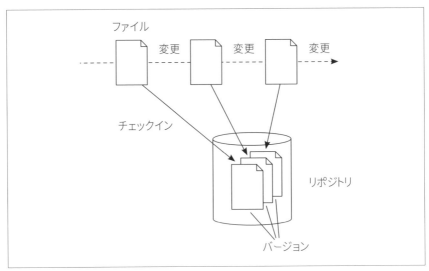

▲図1.1：バージョン

適当なときにチェックインしておくことで、後でその状態に戻したりできます。バージョン管理システムに入っているバージョンを取り出すことを**チェックアウト**といいます（図1.2）。

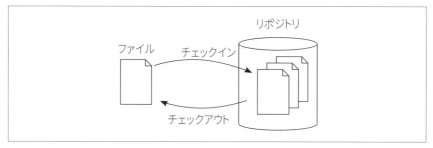

▲図1.2：チェックインとチェックアウト

Gitでのバージョン管理

Gitにおけるバージョンは、ファイルではなくて、あるディレクトリを根とする木（ディレクトリツリー）です。Gitではチェックインすることを**コミットする**といいます。

バージョン管理の対象としているディレクトリで、現在のディレクトリツリーの状態をコミットすると、そのディレクトリツリーが1つのバージョンとなってリポジトリに入ります。Gitではこの1つのバージョンを**コミット**と呼びます。つまり、コミットする（動詞）と、コミット（名詞）が1つ作られるのです（図1.3）。

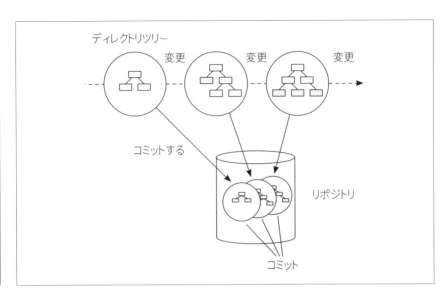

▲図1.3：Gitでのバージョン管理

フォルダとディレクトリ

ディレクトリは、macOSやWindowsではフォルダと呼ばれます。ディレクトリツリーは、そのフォルダの中に入っているすべてのフォルダやファイルの全体です。図1.4の左のようなフォルダの構造は、右の形のディレクトリツリーで表されます。

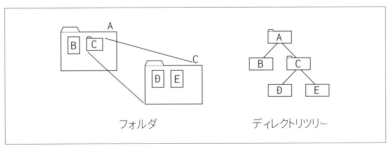

▲図1.4：フォルダの構造とディレクトリツリー

Gitのディレクトリ構成

　Gitでバージョン管理をしているプロジェクトのディレクトリ構成は図1.5のようになります。

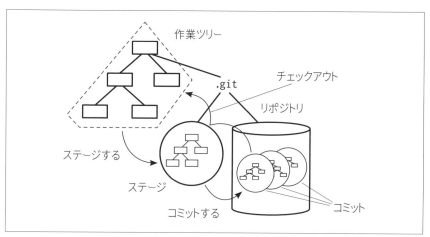

▲図1.5：プロジェクトのディレクトリ構成

　作業ツリーは、開発をしているディレクトリツリーです。プログラマがプログラムを編集したりコンパイルしたりする場所です。Gitは、作業ツリーのトップのディレクトリに.gitというディレクトリを作って、バージョン管理に必要な情報をここに入れます。その中にある大事なものとして、先ほど出てきたリポジトリと、**ステージ**があります[1]。ステージは、作業ツリーとリポジトリの間にある領域です。プログラマはまず、作業ツリーの内容をここにコピーします。この操作を**ステージする**といいます。必要なファイルをすべてステージしてから、コミットします。そうすると、ステージの内容がそのコミットの内容になります。作業ツリーをそのままコミットするのでなく、このように一旦ステージに準備してからコミットするので、作業ツリーのファイルのうちコミットするものを選ぶこともできます。

　逆にチェックアウトするときにも、ステージを経由します。チェックアウトしたいコミットを指定してチェックアウトすると、そのコミットがステージに

※1　ステージは、ステージングエリアとか、インデックス、キャッシュなどとも呼ばれます。本書では動詞「ステージする」に合わせて簡単に「ステージ」と呼ぶことにします。

コピーされ、それがまた作業ツリーにコピーされます。これによってファイルが取り出されます。

分散バージョン管理システム

Gitは**分散バージョン管理システム**と呼ばれます。分散バージョン管理システムとは、同じプロジェクトのリポジトリをネットワーク上に複数置いて管理できるバージョン管理システムのことです。複数人が同じプロジェクトで開発する際に便利です。Gitではよく図1.6のような構成で分散バージョン管理を行ないます。

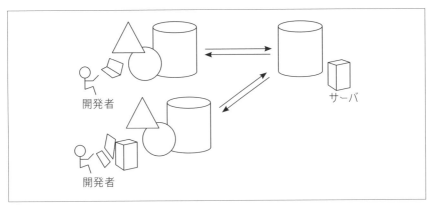

▲図1.6：複数の開発者による分散バージョン管理

この構成では、リポジトリが3つあります。開発者それぞれのコンピュータにあるリポジトリと、サーバにあるリポジトリです。サーバには普通、**裸のリポジトリ**という、ステージや作業ツリーを持たないリポジトリを置きます。開発者がそこで開発をしないためです。

また、図1.7の構成も一般的です。この構成では、中央リポジトリに書き込めるのは管理者だけになります。

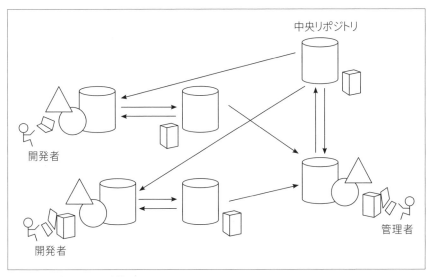

中央リポジトリ

開発者

開発者

管理者

▲図1.7：管理者を置く構成

このようにGitでは、プロジェクトの要求に応じたさまざまなリポジトリの
配置が可能です。

Gitのコマンドとヘルプ

Gitはgitというコマンドで操作します。このコマンドにはたくさんのサブコ
マンドがあります。たとえばサブコマンドhelpを使って、

`コマンド`

```
$ git help
```

とすれば、使い方の説明が表示されます。また、helpの後にサブコマンドを指
定すると、そのサブコマンドの説明を見ることができます。たとえばgit
configというサブコマンドがあります。このサブコマンドは、

`コマンド`

```
$ git config 引数…
```

として使います。そのヘルプは、

```
$ git help config
```

とすると見ることができます。

　gitのサブコマンドは**Gitコマンド**と呼ばれます。つまりhelpやconfigは
Gitコマンドです。

演習

演習1

　git helpコマンドを実行してヘルプを表示させてみましょう。

Chapter2

基本的な操作

この章ではGitの基本的な操作を説明します。この章の内容だけで、Gitを使ったバージョン管理がひと通りできるようになります。

G 01 Gitを使い始める

Gitを使うための設定をしましょう。

Chapter2 基本的な操作

Gitの設定をする

コマンド

```
git config --global user.name "John Doe"
git config --global user.email "johndoe@example.com"
```

git configコマンドは、Gitの設定ファイルにある変数の値を設定します。Gitの設定ファイルは3種類あります。

- そのマシン全体に対する設定 /etc/gitconfig
- ユーザごとの設定 ˜/.gitconfig
- プロジェクトごとの設定 .git/config

--globalオプションは、˜/.gitconfigに設定するという意味です。--systemオプションは/etc/gitconfigに設定するためのものですが、使うことはまずないでしょう。どちらもつけなければ、現在の作業ツリーにある.git/configに設定します。

Gitを使い始めるためには、まず上に示した2つの変数user.nameとuser.emailを˜/.gitconfigに設定します。これらは各コミットに書き込まれる名前とメールアドレスです。自分の名前とメールアドレスを設定して下さい。

その他にもいくつか設定するとよい変数があります。

コマンド

```
git config --global core.editor emacs
git config --global color.ui auto
```

core.editorには自分が普段使っているエディタを起動するコマンドを指定しましょう。指定したエディタは、コミットのときに、どんな変更をしたかの記録を書くために自動的に立ち上がります。color.uiをautoにしておくと、画面表示に色がついて見やすいでしょう。

ユーザごとの設定ファイルの内容を表示するには、˜/.gitconfigを直接見てもいいのですが、

```
git config --global -l
```

を使うほうが便利でしょう。このコマンドを実行すると以下のように表示されます。

```
$ git config --global -l
user.name=John Doe
user.email=johndoe@example.com
core.editor=emacs
color.ui=auto
$
```

演習

演習1

git config --globalを使って、名前とメールアドレスを設定しましょう。

演習2

git config --globalを使って、普段使っているエディタを設定しましょう。

演習3

git config --global -lを使って、正しく設定されたか確認しましょう。

初期ブランチ名の設定

新しめのGit（バージョン2.28以降）では、上記に加えて次のように初期ブランチ名をmasterという名前に設定するとよいでしょう（ブランチについては第3章で説明します）。

```
git config --global init.defaultBranch master
```

Gitのバージョンは以下のコマンドで分かります。

```
$ git --version
git version 2.30.0
$
```

02 バージョン管理を始める

バージョン管理を始めるために、まずリポジトリを作ります。

リポジトリを作る

コマンド

```
git init
```

　すでに開発プロジェクトが進んでいて、ファイルやディレクトリがあるときに、Gitでバージョン管理を始めるには、その開発プロジェクトのトップのディレクトリで**git init**コマンドを実行します。すると.gitディレクトリができて、空のリポジトリがその中に作られます（図2.1）。

コマンド

```
$ git init
Initialized empty Git repository in /.../.git/
$
```

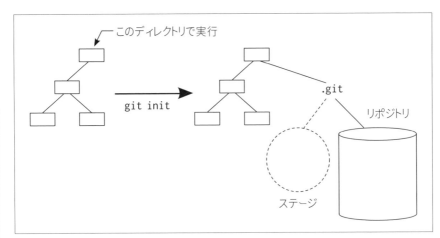

▲図2.1：すでにプロジェクトがある場合のリポジトリ作成

　まだファイルを1つも作っていない状態からバージョン管理を始めるには、作業ツリーのトップになるディレクトリをまず作って、その中でgit initを実行します。それからそのディレクトリ内にプロジェクトのファイルやディレクトリを作っていきます（図2.2）。

コマンド

```
$ mkdir myProject
$ cd myProject
$ git init
Initialized empty Git repository in /.../myProject/.git/
$
```

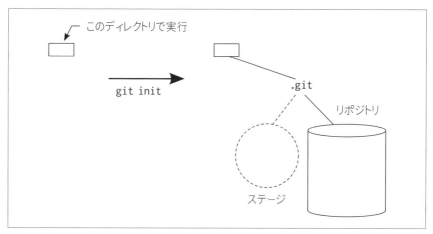

▲図2.2：これからプロジェクトを始める場合のリポジトリ作成

演習

演習1

　myProjectという名前のディレクトリを作って、その中にcdし、そこでgit initしてリポジトリを作成しましょう。このプロジェクトをmyProjectと呼ぶことにします。

演習2

　作られた.gitディレクトリの中にcdして、どんなファイルやディレクトリがあるか見てみましょう。

ファイルやディレクトリを
管理下に入れる

どのファイルやディレクトリをバージョン管理したいかを
Gitに伝えます。

ファイルやディレクトリをステージに入れる

コマンド

```
git add ファイル …
git add ディレクトリ …
```

git addコマンドは、作業ツリーにあるファイルやディレクトリをステージするコマンドです。作業ツリーからREADME.txtというファイルをステージするには、次のコマンドを実行します。addというコマンド名ですが、やっていることはコピーです（図2.3）。

コマンド

```
$ git add README.txt
```

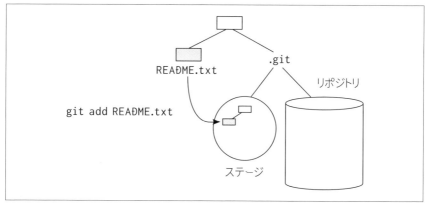

▲図2.3：ファイルをステージする

　git addの引数にディレクトリを指定すると、そのディレクトリ以下にあるすべてのファイルとディレクトリをステージに入れます。ただしGitは**空のディレクトリを管理しません**。空のディレクトリを管理したいときには、そのディレクトリにダミーのファイルか（.gitkeepという名前にすることが多いです）、本章21節で説明する.gitignoreファイルを入れてステージするといいでしょう。どちらの場合もファイルの中身は空で大丈夫です。

　すでにプロジェクトのファイルやディレクトリが作業ツリーにあるなら、作業ツリーのトップで

```
$ git add .
```
`コマンド`

とすると、プロジェクトのすべてのファイルとディレクトリをGitの管理下に置くことができます。ただし、余計なファイル（通常はバージョン管理したくないような、自動的に生成されるファイルやログファイルなど）があったらそれも管理下に入ってしまうので注意しましょう。

演習

演習1

　以下のような内容を持つファイルREADME.txtをmyProjectの中に作り、それをgit addでステージしましょう。

```
This is a test project.
```

G 04 現在の状態を1つのコミットとしてリポジトリに入れる

現在の状態からコミットを1つ作ってリポジトリに保存します。

ファイルをステージする

　現在の作業ツリーの状態を1つのコミットとしてリポジトリにコミットするには、**まずステージにその状態を作ります**。そのためには、前節で説明した方法で、ファイルやディレクトリをステージします。基本的には、作業ツリーにあるすべてのファイルの現在の状態をステージします。そうすると作業ツリーの内容とステージの内容が一致し、それがコミットされます。これにより、後でそのコミットを取り出したときに、現在の作業ツリーの状態が再現されます。

　前節の方法でファイルを1つ1つステージしてもよいのですが、すでにステージにあるファイルやディレクトリを作業ツリーからすべてステージするためのオプション-uがあります。

コマンド

```
git add -u
```

　作業ツリーのトップで git add -u とすると、ファイル名を指定しなくても、いま Git の管理下にあるファイルが作業ツリーからすべてステージされます[1]。

※1　git add -uの後にはファイル名を表すパターンが指定でき、そのパターンに合ったファイルですでにGitの管理下にあるファイルがステージされます。パターンを省略する本文の使い方では、現在のディレクトリ（.）が指定されたことになります。

ステージの内容をコミットする

```
git commit
```

ステージの準備ができたら、**git commit** コマンドを実行します。

```
$ git commit
```

すると、このコミットに関するメッセージ（**コミットメッセージ**といいます）
を書くために、エディタが立ち上がります。

▼リスト2.2：コミットメッセージ編集画面

```
# Please enter the commit message for your changes. Lines starting
# with '#' will be ignored, and an empty message aborts the commit.
#
# On branch master
#
# Initial commit
#
# Changes to be committed:
#   new file:   README.txt
#
```

#で始まる行はメッセージに含まれないので、気にしなくてよいです。上の
ほうにコミットメッセージを書きます。

▼リスト2.3：コミットメッセージを入力

```
README ファイルを作成
# Please enter the commit message for your changes. Lines starting
# with '#' will be ignored, and an empty message aborts the commit.
#
# On branch master
#
# Initial commit
```

```
#
# Changes to be committed:
#    new file:   README.txt
#
```

そしてエディタでファイルを保存して終了すると、**ステージの状態からコミットが作られて**リポジトリに入ります（図2.4）。

コマンド

```
$ git commit
[master (root-commit) f609db5] README ファイルを作成
 1 file changed, 1 insertion(+)
 create mode 100644 README.txt
$
```

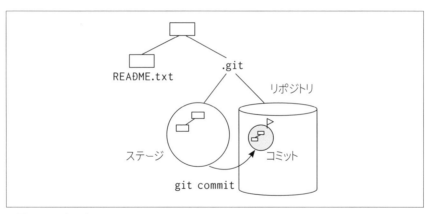

▲図2.4：コミット

コミットしても、ステージの内容は変わらずに残ります。ステージがコピーされてコミットが作られるイメージです。

次のコミット

　作業ツリーの内容をステージしてコミットしてから、開発を続けて、次のコミットをしたくなったときには、現在の作業ツリーの内容をまた**ステージし、それをコミットします**。変更されたファイルを検出してステージしてくれる`git add -u`コマンドが便利です。ステージは、新たに何かをステージしたり、そこから明示的にファイルを削除したりするまでは、以前の状態のまま変わりません。

コミットの中止

　エディタが立ち上がっているときに、やっぱりコミットをやめたいと思ったら、編集中のコミットメッセージのすべての行を消して保存してエディタを終了すると、`git commit`は中止と判断してコミットを取りやめてくれます（#で始まる行は残っていても構いません）。

コミットのハッシュ

　コミットを特定するには、そのコミットの**ハッシュ**を使います。これはコミットの内容をSHA-1ハッシュ関数※2にかけて得られる値で、f609db57d4a3342006b585bc6a6b9e238843b73dのような形をしています。Gitはこれをコミットを識別するIDとして使います。コミット時の画面表示にあった16進数（先の例ではf609db5）はコミットのハッシュの先頭の7桁です。

　Gitは、「現在のコミット（最新のコミット）」を指すポインタ※3を保持しています。このポインタを**HEAD**といいます。先ほどの図2.4では旗印で示しました。コミットをすると、HEADはそのコミットを指すようになります。開発が進んで次のコミットをすると、HEADはそのコミットに移動します。たとえばREADME.txtの内容を変更し、ステージしてコミットすると、図2.5のようになります。

※2　SHA-1は、入力されたデータに対して、それに応じた固定長のビット列を出力する関数です。データが同じか違うかを簡便にチェックするためによく使われます。

※3　Gitの用語では「参照（reference）」と呼ばれますが、本書では分かりやすいようにポインタと呼びます。

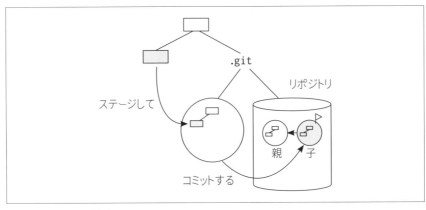

▲図2.5：HEADの移動

　このとき、元々HEADが指していたコミットを新しいコミットの**親**と呼び、新しいコミットをそのコミットの**子**と呼びます。子コミットは親コミットへのポインタを持ちます。子コミットから親コミットへの矢印はそれを表しています。開発を続けてコミットを続けていくと、リポジトリ内で図2.6のような構造ができます。

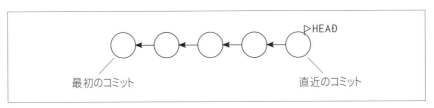

▲図2.6：コミットグラフ

　このような図を**コミットグラフ**と呼びます。いわば家系図です。家系と同様に、親や親の親などを**先祖**、子や子の子などを**子孫**と呼びます。

コミットグラフの矢印

コミットグラフの矢印を子から親へ向かって書く理由は、子コミットの中に親コミットへのポインタ——正確にはコミットID——があるからです。このため、子コミットのコミットIDが分かれば、そのコミットにアクセスして親コミットIDが分かり、これを続けることですべての先祖コミットにアクセスできます。コミットグラフは、あるコミットから別のコミットへの到達可能性を表しています。

この矢印を逆に、親から子に向けて書く流儀もあります。こちらは、どのコミットからその子コミットが作られたかを表します。この場合、コミットグラフは、コミットが作られた流れを示すことになります。

本書では前者の書き方を採用しています。このほうが、誤った操作をして失われたコミットに、いま分かるコミットからポインタをたどって到達して復旧するような場合に分かりやすいためです。

コミットメッセージの書き方

コミットメッセージは、そのコミットで何を変更したかを後から知るための情報です。以前のバージョンに戻したくなったときに、どんなコミットなのかコミットメッセージから分からないと、いちいちチェックアウトして調べなければいけないので、そうならないように**十分な情報を書きましょう**。

コミットメッセージは単にテキストですが、慣習的に以下の形式で書きます。最初の1行は内容の要約です。空行を1つ入れてから、何行かに渡る詳しい説明を書きます。

▼リスト2.4：コミットメッセージの例

README ファイルを作成

このプロジェクトの説明のファイル README を作った。
このファイルは……

もしも1行で説明が十分なら、git commit コマンドの引数にメッセージを指定することもできます。こうするとエディタは立ち上がりません。

コマンド

```
$ git commit -m "README ファイルを作成"
```

コミットメッセージの作法

自分1人のプロジェクトであれば、コミットメッセージは自分に便利なように書けばよいのですが、グループで行なうプロジェクトの場合には、書き方のガイドラインを決めてみんながそれに従うようにすることが多いです。そのようなプロジェクトに参加する際には、すでにあるガイドラインに従ってコミットメッセージを書きましょう。

演習

演習1

前節の演習でREADME.txtファイルをステージしました。その状態でコミットしましょう。

演習2

その後で、README.txtの内容を以下のように変え、ステージしてコミットしましょう。すでにREADME.txtはステージ内にあるので、新しい内容でステージするにはgit add -uを使うとよいでしょう。

▼リスト2.5：README.txtを変更

```
This is a test project for Git.
```

05 履歴を見る

現在のプロジェクトでこれまで行なってきたバージョン
管理の履歴を見ることができます。

ログを表示する

```
コマンド
git log
git log --oneline
git log -- ファイル名
```

コミットの履歴を見るには**git log**コマンドを使います。

```
コマンド
$ git log
commit 479a7d01f83e48acd0dfa7b6f5e2a4fabf978d7b (HEAD -> master)
Author: John Doe <johndoe@example.com>
Date:   Mon Feb 1 14:47:39 2021 +0900

    README ファイルを修正

commit f609db57d4a3342006b585bc6a6b9e238843b73d
Author: John Doe <johndoe@example.com>
Date:   Mon Feb 1 14:45:11 2021 +0900

    README ファイルを作成
$
```

　このように最近のコミットから順に、コミットのハッシュと、そのコミット
の作成者と日付、コミットメッセージが表示されます。
　git log --onelineは、1つのコミットについて1行（ハッシュの先頭7文字
とメッセージの最初の1行）を表示します。**git log** -- 〈ファイル名〉とすると、

指定したファイルの履歴を表示します[4]。これら以外にもいろいろな表示方法が指定できます。

> **メモ**

> gitのサブコマンドの多くで、「--」という引数の後にファイル名を指定できます。

演習

演習1

　myProjectのログを見てみましょう。--onelineオプションも試しましょう。

---

[4]　「--」と〈ファイル名〉の間には空白を入れます。git logでは、たいていの場合、「--」は省略できます。

G 06 ファイルをさらに追加する

バージョン管理対象としてファイルを新たに追加するや
り方です。

ファイルをステージする

`コマンド`

> git add ファイル

　最初にリポジトリに入れたファイル（やディレクトリ）に加えて、新たに
ファイルを管理するには、単にステージに入れてコミットするだけです。コ
ミットは、現在のステージの状態から作られることを思い出して下さい。
　新しくファイルhello.txtを作業ツリーの中に作り、それを `git add` でステー
ジして、`git commit` でコミットすると、新しいコミットの中にhello.txtが入り
ます（図2.7）。

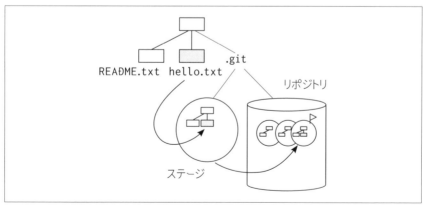

▲図2.7：ファイルをさらに管理下に入れる

演習

演習1

　以下の内容を持つファイルhello.txtを作業ツリーに作り、ステージしましょう。まだコミットはしないで下さい。

▼リスト2.6：hello.txt

```
Hello!
```

07 どのファイルを新たに
ステージしたかを見る

作業ツリーやステージがいまどのような状態にあるかを
見る方法です。

HEADとステージと作業ツリーの状態を表示する

コマンド

```
git status
```

git statusコマンドは、HEADが指すコミットと、ステージと、作業ツリーの
差を表示します。作業ツリーをステージし、コミットした直後では、これら3
つに差がありません。このときは以下のように表示されます（色は説明のため
で、画面では色づけされません）。

コマンド

```
$ git status
# On branch master
On branch master
nothing to commit, working tree clean
$
```

　コミットするものがなく、作業ツリーがクリーンだ、と書いてあります。**ク
リーン**とは、未コミットの変更がないことです[5]。この状態では、HEAD（が指
すコミット）、ステージ、作業ツリーの3つが同じです。

※5　一般に、未保存の変更がない（すべて保存されている）ことをクリーン（clean）、未保存の変更
　　があることをダーティ（dirty）といいます。

いま、hello.txtというファイルを新たにステージに加えた状態とします。この状態でgit statusすると次のように表示されます。

```
$ git status
On branch master
Changes to be committed:
  (use "git restore --staged <file>..." to unstage)
        new file:   hello.txt

$
```

　hello.txtは新しいファイルとしてステージされたと認識されています。HEAD にはhello.txtがなく、ステージと作業ツリーに同じ内容のファイルがあるからです。
　ここでREADME.txtにも修正を加えます。以下のように、新たに2行を追加します。

▼リスト2.7：README.txtを修正

```
This is a test project for Git.
Contents:
* hello.txt
```

　すると、git statusの出力はこうなります。

```
$ git status
On branch master
Changes to be committed:
  (use "git restore --staged <file>..." to unstage)
        new file:   hello.txt

Changes not staged for commit:
  (use "git add <file>..." to update what will be committed)
  (use "git restore <file>..." to discard changes in working directory)
        modified:   README.txt

$
```

README.txtの修正がステージされていないと認識されています。HEADと
ステージにあるREADME.txtが同じで、作業ツリーのものが違う状態だから
です。

git statusはこのように、HEADとステージと作業ツリーを**比べて状態を表
示します**。ユーザが行なうステージ操作や、ファイルの作成や変更の**操作その
ものを追跡しているわけではありません。**

ここで現在のREADME.txtの内容をステージすると、

コマンド

```
$ git add -u
```

git statusの出力は以下のようになります。

コマンド

```
$ git status
On branch master
Changes to be committed:
  (use "git restore --staged <file>..." to unstage)
      modified:   README.txt
      new file:   hello.txt

$
```

コミットされる変更に、README.txtの修正が加わりました。ステージと作
業ツリーが同じで、HEADがステージと違う状態となりました。この状態でコ
ミットすれば、ステージの内容（作業ツリーの内容）が新しいコミットとして
作られます。

これらのメッセージをいちいち読むのが面倒ならば、Gitの設定変数color.
uiをautoにすると、git statusの出力が色で区別できて便利でしょう。

Gitの管理下にないファイル

git statusはGitの管理下にないファイルも表示してくれます。たとえば作
業ツリーの中に適当な中身のbye.txtという名前のファイルを作ってgit
statusを実行すると、以下のようにbye.txtが「追跡されていないファイル」と
して表示されます。

```
$ git status
On branch master
Changes to be committed:
  (use "git restore --staged <file>..." to unstage)
      modified:   README.txt
      new file:   hello.txt

Untracked files:
  (use "git add <file>..." to include in what will be committed)
      bye.txt

$
```

　git statusは、以上の他にも、ファイルが削除されたとか、ファイルの名前が変わったなどの分かりやすい情報を表示してくれます。本質的にやっていることは、HEADとステージと作業ツリーの比較です。

演習

演習1

　以下の各段階でgit statusの出力を確認しつつ、本文にあるようにREADME.txtを修正してステージし、新しいhello.txtとともにコミットしましょう。

1. README.txtを修正する前
2. README.txtを修正した直後
3. その修正をステージした直後
4. コミットした直後

　予想通りの出力になっていたでしょうか。

G 08 自分が何を変えたかを見る

ファイルに対して自分が行なった変更を見る方法を説明します。

HEAD、ステージ、作業ツリーの差を表示する

コマンド
```
git diff
git diff --staged
git diff HEAD
```

git diffコマンドは、ファイル間の差を表示します。単に**git diff**とすると、作業ツリーとステージの差を出力します。いまhello.txtを次のように変えて、

▼リスト2.8：hello.txtに行を追加

```
Hello!
I am a student.
```

git diffを実行するとこのように表示されます。

コマンド
```
$ git diff
diff --git a/hello.txt b/hello.txt
index 10ddd6d..88550cb 100644
--- a/hello.txt
+++ b/hello.txt
@@ -1 +1,2 @@
 Hello!
+I am a student.
$
```

　加えた I am a student. の行の先頭に+がついていて、この行が新たに追加されたことが分かります。削除された行がある場合には行頭に-で示されます。修正された行は削除-と追加+の組み合わせで表示されます。

> **メモ**

　git diff コマンドは、最後にステージ（やコミット）した後に自分が何を変更したかを見るのによく使います。

　git diff --staged は、ステージと HEAD の差を表示します。この状態では差がないので実行しても何も表示されませんが、hello.txtをステージして実行すると、先ほどの git diff の実行結果と同じような出力が得られます。また git diff HEAD は、作業ツリーと HEAD の差を表示します。
　以上をまとめると、図2.8のようになります。

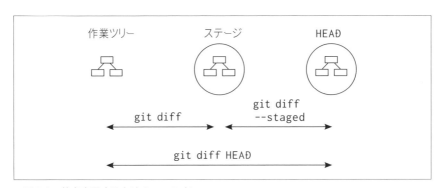

▲図2.8：差を表示するためのコマンド

演習

演習1
　本文のように hello.txt を変えてステージし、コミットしつつ、その各段階で git diff、git diff --staged、git diff HEAD を実行して、思った通りの表示が出るか確認しましょう。

⑨ 履歴の中での違いを見る

履歴の中にあるコミットを2つ指定して、その差を見る
ことができます。

コミット間の差を表示する

コマンド

```
git diff コミット1 コミット2
git diff コミット1 コミット2 -- ファイル
```

　コミットの間でどんな変更をしたかを見るにも git diff を使います。コミットを2つ指定すると、その2つのコミットの違いを表示します。「--」の後にファイルを指定すれば、そのファイルについての差分を表示します。

コミットの指定の仕方

　コミットの指定方法はいろいろあります。基本は、コミットのハッシュを指定する方法です。git log でハッシュが分かるので、そのハッシュを git diff の引数に指定します。

　しかしハッシュは長くて入力するのが大変です。ハッシュの先頭の数文字を入れると、それがリポジトリ内で一意ならば、そのハッシュを指定したことになります。たとえば、2fb59539b9521f3b64fd492ddb98088fc664aebe というハッシュならば、2fb595 くらいを指定すれば済みます。2fb595 から始まるハッシュを持つコミットと、479a7d から始まるハッシュを持つコミットを比べるには、次のようにします。

コマンド

```
$ git diff 2fb595 479a7d
```

便利なのはHEADです。git diffの引数にHEADを指定すると、もちろんHEAD
のコミットを意味します。

コマンド

```
$ git diff 2fb595 HEAD
```

「1つ前」という指定もあります。HEADの1つ前とHEADの比較は、

コマンド

```
$ git diff HEAD^ HEAD
```

と書けます。これは、

コマンド

```
$ git diff HEAD~1 HEAD
```

とも書けます。X~nはコミットXのn個前のコミットという意味です。HEADと
その2個前のコミットとの比較は、

コマンド

```
$ git diff HEAD~2 HEAD
```

あるいは

コマンド

```
$ git diff HEAD^^ HEAD
```

と書けます。

> メ モ

HEADは簡単に@と指定できます。たとえばgit diff HEAD^^ HEADと入力す
る代わりに、git diff @^^ @としても同じです。

▶ 注 意

読者が使っているコマンドライン環境によっては、チルダ~、カレット^、アットマーク@などの文字が特殊な意味を持つかもしれません。その場合には、引用符でくくって git diff "HEAD^" HEAD とするなど、使っている環境に合わせて対応してください。

演習

演習1

　git log の出力を参考に、この節で説明されているいろいろな差分の表示方法で、myProject の履歴にあるコミット間の差を見てみましょう。

G 10 あるコミットで何をしたかを見る

あるコミットがプロジェクトにどのような変更をしたかを
表示する方法です。

コミットの情報を表示する

コマンド

```
git show
git show コミット
```

　直近のコミット（HEADが指しているコミット）がどんなものだったかを表示
するには **git show** コマンドを使います。

コマンド

```
$ git show
commit cbc23bad765314440e2fce00e74fcd88295d190a (HEAD -> master)
Author: John Doe <johndoe@example.com>
Date:   Mon Feb 1 15:06:33 2021 +0900

    hello.txt に自己紹介を追加した

diff --git a/hello.txt b/hello.txt
index 10ddd6d..88550cb 100644
--- a/hello.txt
+++ b/hello.txt
@@ -1 +1,2 @@
 Hello!
+I am a student.
$
```

　このように、コミットのハッシュや作成者、コミットメッセージなどの情報
と、親コミットに対してどこを変更したかを差分の形で表示します。

39

引数にはコミットのハッシュや、コミットへのポインタも指定できます。

コマンド

```
$ git show HEAD^
commit 2fb59539b9521f3b64fd492ddb98088fc664aebe
Author: John Doe <johndoe@example.com>
Date:   Mon Feb 1 15:02:39 2021 +0900

    hello.txt を追加

diff --git a/README.txt b/README.txt
index 0af20f5..70d07f1 100644
--- a/README.txt
+++ b/README.txt
@@ -1 +1,3 @@
 This is a test project for Git.
+Contents:
+* hello.txt
diff --git a/hello.txt b/hello.txt
new file mode 100644
index 0000000..10ddd6d
--- /dev/null
+++ b/hello.txt
@@ -0,0 +1 @@
+Hello!
$
```

≫ メ モ

git showにコミットを指定すると、その前のコミットとの差分が表示
されますが、それぞれのコミットには差分が格納されているわけでは
なく、すべてのファイルについてその内容が全部入っています。

演習

演習1

　git logの出力から、これまでのコミットのハッシュを見て、それぞれについてgit showし、内容の変更がどのように表示されているか見てみましょう。

> **コラム**
>
> ## Gitの利用範囲
>
> 本書のはじめに、バージョン管理の目的は、以前のバージョンをとっておいてそこに戻せるようにすることや、以前のものを見たりすることと説明しました。バージョン管理にはさらに、いつどのような変更をしたか分かるようにするという大事な役割があります。そのために使うのが、ここまで説明した差分を見る機能です。それによって、不適切な変更がいつの間にか行なわれていたとき、それがいつだったかなどが後から分かります。
>
> Gitはソフトウェア開発に用いられることが多いですが、履歴の中でテキスト間の差分を見る機能を持っているため、ソフトウェアに限らずさまざまなテキストのバージョンを管理するのにも便利に使うことができます。たとえば筆者は、プログラムはもちろんのこと、自分で書く論文やエッセイ、授業の試験問題、本の原稿などもGitで管理しています。ちなみに本書の原稿も、書き始めの時点からGitの管理下にあり、2012年11月9日に書き始めた（最初のコミット）などということが即座に分かります。

G11 一度ステージした内容を変える

一度ステージしても、それをコミットせずにステージの内容を変更することができます。

再びファイルをステージする

一度ステージしたけれど、それをコミットせずに別の内容をステージしてコミットしたくなった場合には、単に新しい内容をステージすればよいだけです。git addは作業ツリーからステージへの単なるコピーですから。

いま、hello.txtを修正してステージした状態とします。

コマンド

```
$ git status
On branch master
Changes to be committed:
  (use "git restore --staged <file>..." to unstage)
        modified:   hello.txt

$
```

ここでコミットせずに、作業ツリーでhello.txtを修正すると、以下のようになります。

コマンド

```
$ git status
On branch master
Changes to be committed:
  (use "git restore --staged <file>..." to unstage)
        modified:   hello.txt

Changes not staged for commit:
```

```
(use "git add <file>..." to update what will be committed)
(use "git restore <file>..." to discard changes in working directory)
    modified:  hello.txt

$
```

　HEADとステージが違い、ステージと作業ツリーが違う状態です。コミットした
い内容が作業ツリーにあるものなら、以下のように作業ツリーの内容でス
テージを上書きします。

```
$ git add hello.txt
```

　すると、作業ツリーとステージの内容が同じになります。

```
$ git status
On branch master
Changes to be committed:
  (use "git restore --staged <file>..." to unstage)
    modified:  hello.txt

$
```

　これでgit commitすれば、新しい内容でコミットされます。

演習

演習1

　hello.txtについて、HEADとステージ、そしてステージと作業ツリーの内容が
違う状態を作って、git statusの出力を見てみましょう。

演習2

　その状態で、git diff、git diff --staged、git diff HEADの出力を比べて
みましょう。

G 12 ステージの内容を見る

ステージにあるファイルの一覧や、ファイルの内容を見ることができます。

ステージの状態を表示する

コマンド

```
git ls-files
git ls-files -s
git show ハッシュ
```

　ステージを直接操作することは普通はほとんどありませんが、内容を見たくなることもたまにあります。

　git ls-files コマンドは、ステージ内にあるファイルの一覧を表示します。

コマンド

```
$ git ls-files
README.txt
hello.txt
$
```

　-s オプションをつけると詳細な情報も表示されます。

コマンド

```
$ git ls-files -s
100644 70d07f19744f47990917f178be6296dd5bb804af 0    README.txt
100644 88550cbd9db2315ceb5e4bf80a562e44de289f49 0    hello.txt

$
```

コミットと同様のハッシュがついています。これをgit showに指定すると内容を見ることができます※6。

```
$ git show 88550c
Hello!
I am a student.
$
```

演習

演習1

git ls-files -sでハッシュを調べて、ステージにあるhello.txtの内容を表示してみましょう。

※6　git show :./hello.txtなどとしても見ることができます。いろいろな指定が可能です。

G 13 ステージしたことを なかったことにする

何かをステージした後で、それを取り消してステージを
HEADと同じ状態に戻したい場合の操作です。

ステージの内容をHEADに合わせる

コマンド

```
git reset
git reset -- ファイル
git reset --hard
```

git resetは、HEADを履歴の中で移動させるコマンド[7]ですが、ステージや作業ツリーの内容をHEADに合わせるのにも使えます。単に`git reset`とすると、HEADの内容をステージにコピーします。特定のファイルだけHEADの状態に戻したければ、`git reset --`〈ファイル名〉とします。

もし作業ツリーの内容もHEADの状態に戻したければ、`git reset --hard`とします。直前のコミット以降の修正をすべて捨てる操作です。**作業ツリーの内容が上書きされる**ので、この操作をするときには注意が必要です。

演習

演習1

hello.txtを修正してステージし、その後で`git reset --hard`とすると、ステージと作業ツリーが元の状態に戻ることを確認しましょう。`git diff`を使うとよいでしょう。

---

[7] それに加えて、現在のブランチの先端も移動させます（第3章08節）。ブランチに影響を与えず、単にHEADを移動させるには`git checkout`を使います。

G14 ステージした後の変更を なしにする

一度ステージした後で作業ツリーに行なった変更をなし にするやり方です。

ステージからチェックアウトする

`コマンド`

```
git checkout -- ファイル
```

一度ファイルをステージし、その後でまたそのファイルを修正したけれど、ステージした内容でよかったので、それを作業ツリーにコピーして戻したい場合には、git checkout --〈ファイル〉という書式を使います※8。チェックアウトは普通はコミットに対する操作ですが、この書式はステージからファイルを作業ツリーに取り出します。

演習
演習1

hello.txtを修正し、それをステージして、さらにhello.txtを修正してから、git checkout -- hello.txtとすると、ステージの内容が作業ツリーに戻されることを確認しましょう。

※8　新しめのGitでは同様のことがgit restoreというコマンドでできるかもしれません。本書で用いているバージョン 2.30 でも、git statusの出力にそのことが書いてあります。

G 15 ファイル名を変える

Gitの管理下にあるファイルなどの名前を変える方法です。

ファイル名やディレクトリ名を変える

コマンド

```
git mv 元の名前 新しい名前
```

ファイル名やディレクトリ名を変えるには**git mv**コマンドを使います。

コマンド

```
$ git mv hello.txt greeting.txt
```

このようにすると、ステージと作業ツリーの中でファイル名が変わります。すでにリポジトリに保存されているコミットには影響ありません。

演習

演習1

git mvを使って、ファイルhello.txtの名前をgreeting.txtに変えましょう。git statusの出力はどうなるでしょうか。

演習2

その変更をコミットしましょう。

16 ファイルを管理下から外す

Gitの管理下にあるファイルなどを管理から外す方法です。

ファイルやディレクトリをステージから取り除く

コマンド

```
git rm ファイル
git rm -r ディレクトリ
```

git rmコマンドはファイルやディレクトリをステージから取り除きます。-r はそのディレクトリ以下をすべて取り除く指定です。ファイル（やディレクトリ）をステージから取り除くと、次のコミットでそれらは無視されるので、Gitの管理下から外されたことになります。ただし、すでに作られたそれまでのコミットから取り除かれることはありません。これらのコマンドを実行すると、**作業ツリーからもファイルが削除される**ので注意しましょう。コミットされていないデータがステージにあったり、作業ツリーのファイルが修正されている場合には、変更が失われないようにエラーとなります。

ステージからだけ取り除き、作業ツリーにあるものは残したいなら、--cachedオプションをつけます[9]。

コマンド

```
git rm --cached ファイル
git rm -r --cached ディレクトリ
```

---

[9] --stagedというオプションであってほしいのですが、残念ながらそれはないようです。

49

演習

演習1

　greeting.txtをGitの管理下から外すと同時に削除して、その状態をコミットしましょう。

G 17 昔のファイルを リポジトリから取り出す

これまでのコミットの履歴の中からファイルを指定して
取り出すことができます。

コミットからファイルをチェックアウトする

`コマンド`

```
git checkout コミット -- ファイル
```

git checkout コマンドは、コミットやファイルをチェックアウトするのに使
います。ここではファイルのチェックアウトを説明します。git checkout 〈コ
ミット〉-- 〈ファイル〉は、指定したコミットに含まれるファイルを**ステージと作
業ツリーに取り出します**。HEADの位置は変わりません。同名のファイルがある
場合には**上書きされる**ので注意しましょう。作業ツリーがクリーンな状態で
（どれかのコミットと等しい状態、たとえばコミットしてから）やるのが基本で
す。そうすれば上書きされても恐くありません。3つ前のコミットのhello.txtを
取り出すには以下のようにします。

`コマンド`

```
$ git checkout HEAD~3 -- hello.txt
```

コミットとしては、もちろんハッシュやその省略を指定することもできます。

チェックアウトはステージを経由する

コミットから作業ツリーにファイルをチェックアウトして取り出す場合、ス
テージを経由することになります。いま仮に、HEADにファイルhello.txtが含ま

51

れておらず、HEADとステージと作業ツリーが一致しているとしましょう。この状態で、以前のコミットからhello.txtをチェックアウトすると、ステージと作業ツリーにhello.txtが入ります。

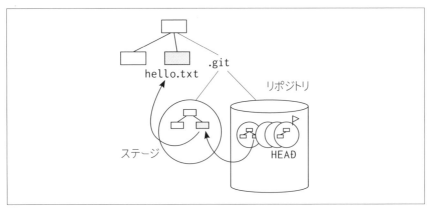

▲図2.9：チェックアウトはステージを経由する

このとき git status の出力は、

```
$ git status
On branch master
Changes to be committed:
  (use "git restore --staged <file>..." to unstage)
        new file:   hello.txt

$
```

となります。これは、HEADにはhello.txtが入っていなくて、ステージと作業ツリーに同一のhello.txtが入っていることから、git statusが「ユーザがそれをコミットしようとしている」と判断したためです（git statusはユーザの操作を見るのではなく、HEADとステージと作業ツリーを見ています）。

このままコミットすることもできます。そうすると新しいコミットにはhello.txtが入ります。git commitは、現在のステージの状態で新しいコミットを作ることを思い出して下さい。

チェックアウトせずに昔のファイルを見る

コマンド

```
git show コミット:ファイル
```

チェックアウトせずに昔のファイルの内容を見るにはgit showを使います。3つ前のコミットのhello.txtを見るには次のようにします。

コマンド

```
$ git show HEAD~3:hello.txt
```

このやり方の場合、作業ツリーやステージの内容は変わりません。

> **≫ メ モ**
>
> コミットも作業ツリーと同様に木の形をしています。〈コミット〉:〈ファイル〉の〈ファイル〉には、そのコミットの根からのパス（経路）を指定します。仮にhello.txtが根の直下にあるディレクトリdirの下にあるなら、git show HEAD~3:dir/hello.txtと指定することになります。もしいま作業ツリーでディレクトリdirにいるなら、git show HEAD~3:./hello.txtと指定することもできます（最初の「.」が現在のディレクトリからの相対パスであることを表します）。

演習

演習1
git checkoutを使って3つ前のコミットのhello.txtを取り出してみましょう。

演習2
git showを使って3つ前のコミットのhello.txtの内容を見てみましょう。

G 18 作業ツリーの内容を HEADの状態にする

HEADの状態を作業ツリーにコピーする方法です。

作業ツリーとステージをHEADの状態にする

`コマンド`

```
git reset --hard
```

　昔のファイルを一時的にチェックアウトした後で、作業ツリーを現在の HEADの状態に戻したい場合には、本章13節で説明したgit reset --hardを使 います。こうすると、ステージと作業ツリーがHEADの状態になります（図 2.10）。ステージや作業ツリーで何か変更していたら、その**変更は上書きされる** ので、このコマンドは注意して使う必要があります。

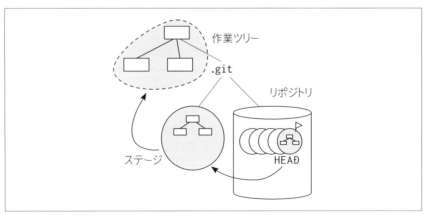

▲図2.10：git reset --hard の動作

演習

演習1

　昔のhello.txtをチェックアウトした後、`git reset --hard`とするとhello.txtが作業ツリーからもステージからも消えることを確認しましょう。

G 19 最近の履歴を なかったものにする

最近行なったコミットを捨てて履歴を切り詰める方法を
説明します。

履歴の先端を移動する

```
git reset --hard コミット
git reset コミット
git reset --soft コミット
```

git reset にコミットを引数として与える（ファイル名を与えない）と、指定
したコミットを履歴の最新のコミットとし、それ以降のコミットを捨てます。
たとえば図2.11の上のような履歴があって、いま HEAD が E を指しているとき、
git reset C とすると、D と E のコミットが捨てられて、HEAD は C を指すように
なります。

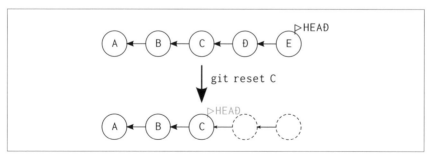

▲図2.11：履歴を切り詰める

捨てられたコミットには普通の方法ではアクセスできなくなり、そのうち消去されます。git resetはどんな場合でも気をつけて使わなければならないコマンドです。

--hardオプションをつけると、ステージと作業ツリーの内容も指定したコミットの内容で上書きされます。オプションなしのgit resetでは、ステージは指定したコミットの内容で上書きしますが、作業ツリーは変えません。--softオプションは、HEADを動かすだけで、ステージも作業ツリーも内容を変えずそのままにします。

バージョン管理における履歴の操作

バージョン管理では原則として、コミットによって作られた履歴を変えたり消したりしません。ミスがあるからバージョン管理をして以前の状態に戻れるようにするのですから、ミスをしたら取り戻せないような履歴の操作をするのは本筋ではないのです[10]。ただ、履歴の操作が役に立つ場面はあります。たとえば、履歴を後で見て分かりやすくするような場合です。Gitは履歴を操作する機能を豊富に備えていて、気をつけて使えばとても便利です。

演習

演習1

myProjectのログをgit logで見て、適当なコミットを指定してgit reset --hardを実行してみましょう。それ以降の履歴は失われるので注意しましょう。それによって作業ツリーの状態やgit logの出力は変わったでしょうか。

---

[10] 誤ってgit resetした直後にHEADを元のコミットに戻す手段もGitにはあります（第3章08節演習1の脚注を参照）。

G20 直近のコミットをやり直す

直前に行なったコミットを修正するやり方です。

HEAD が指すコミットをやり直す

`コマンド`

```
git commit --amend
```

　コミットをしてから、必要なファイルのステージし忘れに気づいたり、あるいはコミットメッセージをもっとこうすればよかったと思ったりすることはよくあります。そういうときには git reset --soft を使って（ステージと作業ツリーはそのままで）**コミットを捨て**、あらためて必要なステージをするなりして、再度コミットすることで修正できます。

　これを簡単にできるオプションが git commit にあります。--amend オプションです。このオプションは、ステージと作業ツリーにはさわらずに HEAD が指すコミットを捨てて、現在のステージの状態でコミットし直します（図2.12）。さらに、**捨てるコミットのコミットメッセージを再利用**させてくれます。

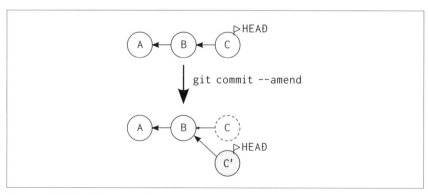

▲図2.12：コミットをやり直す

58

--amendオプションは以下のように使います。

1. コミットに失敗したと気づく（図2.12のC）。
2. 必要ならステージを作り直す。ステージし忘れたファイルを入れるなど。
3. git commit --amendとする。
4. エディタが立ち上がる。捨てられるコミット（C）のメッセージが再利用できるようになっているので、必要なら編集して保存し、終了する。
5. 捨てられたコミットの親コミット（B）を親とする新しいコミット（C'）として、現在のステージの状態（と入力したコミットメッセージ）がコミットされる。

古いコミットが上書きされるというより、図のように新しいコミットが代わりにつながれるという感じです。

演習

演習1

myProjectに新しく変更をコミットしましょう。git logでそのコミットのハッシュを見て、先頭の6文字くらいをメモしましょう。

演習2

そのコミットをgit commit --amendを使ってやり直しましょう。

演習3

やり直してできたコミットのハッシュをgit logで見ましょう。やり直す前と同じでしょうか、違うでしょうか。

G 21 Gitにファイルを無視させる

バージョン管理の対象としないファイルをGitに無視させる方法です。

.gitignore ファイルを設定する

　一時ファイルや自動生成されるファイルなど、バージョン管理をしたくないファイルまでgit statusは「追跡されていないファイル」として表示します。そういうファイルをGitに完全に無視させるには、.gitignoreというファイルを作ってそこにファイル名を書きます。設定はこのファイルを置いたディレクトリ以下で有効です。

▼リスト2.9：.gitignoreファイルの例

```
a.out
*.o
*.log
```

　このように.gitignoreを書くと、a.outという名のファイルと、.o、.logで終わる名前のファイルをGitは無視します。
　例外的にGitに無視させたくないファイルがある場合には、!で指定します。

▼リスト2.10：無視させない設定

```
*.log
!test.log
```

　こうすると、.logで終わるファイルを無視しつつ、test.logだけは無視しない設定となります。

.gitignore ファイルのバージョン管理

.gitignore ファイルも通常はバージョン管理します。

```
$ git add .gitignore
$ git commit
```

演習

演習1

適当な内容のファイルtest.logをmyProjectに作りましょう。git statusで見て、そのファイルがUntracked filesのところに表示される（つまり、Gitが無視していない）ことを確認しましょう。

演習2

.logで終わる名前を持つファイルを無視するような.gitignoreファイルをmyProjectに作りましょう。それにより、test.logが無視されることをgit statusで確認しましょう。そのとき.gitignoreはどのように表示されるでしょうか。

演習3

.gitignoreファイルをGitの管理下に入れてコミットしましょう。

22 まとめ

本章で説明した基本的な Git の操作方法をまとめます。

　この章では、作業ツリー、ステージ、HEADの間でのデータのやりとりと、コミットの仕方、以前のコミットからのデータの取り出し方などを説明しました。主な操作を図にまとめると図2.13のようになります。

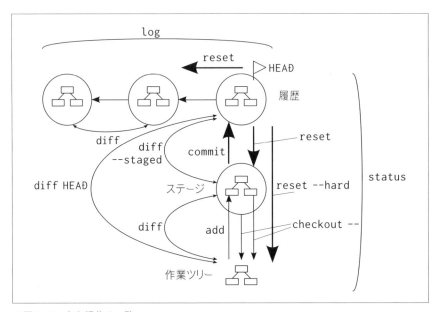

▲図2.13：主な操作の一覧

　開発の最中に、随時そのときの状態をコミットしていけば、ファイルを誤って消すなどの間違いをしたときに昔のファイルを取り出せます。また、以前のファイルの内容との比較などもできます。これで、基本的なバージョン管理ができるようになりました。

気をつけて使う必要があるコマンドは、git checkout と git reset です。これらは保存していない変更を上書きしたり、履歴を失わせる可能性があるためです。

Chapter3

ブランチを使う

Gitでは複数の開発作業を並行して行なうことができます。
そのときに使うのがブランチという機能です。この章では
ブランチの基本的な使い方を説明します。

01 ブランチとは

ブランチは履歴を枝分かれさせるための機能です。

プロジェクトの進行中に、ある機能を試しに実装してみたくなることがあります。うまくいけば製品に取り込みたいけれど、うまくいかなかったら捨てたいというようなケースです。こんなときに便利なのが、**履歴の枝分かれ**です（図3.1）。

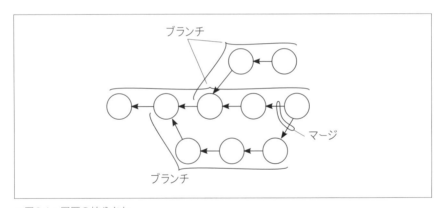

▲図3.1：履歴の枝分かれ

それぞれの枝を**ブランチ**（branch）と呼びます。枝分かれした履歴を合併して1つの枝にすることを**マージ**（merge）といいます。

Gitにおけるブランチ

Gitでは伝統的に、開発の主軸となるのは**master**という名前のブランチです[1]。git initでリポジトリを作り、最初のコミットをすると、masterブラン

※1 masterの他、mainやtrunkという名前にすることもあります。

チが作られます。以降、コミットをするごとに、図3.2のようにmasterブランチが伸びていきます（ブランチの先端にmasterと書きました）。

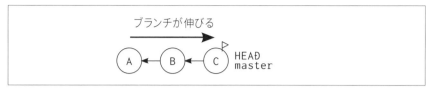

▲図3.2：masterブランチが伸びる

コミットすると、現在のHEADの子としてコミットが作られるのでしたね。枝分かれさせたくなったら、その場所で新しいブランチを作って、そちらにHEADを乗せ換えます（図3.3）。

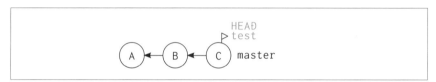

▲図3.3：testブランチにHEADを乗せ換えた

図では分かりにくいですが、testブランチを作って、そちらにHEADを乗せた状態です。この状態で新たにコミットを作ると、testブランチが伸びます（図3.4）。

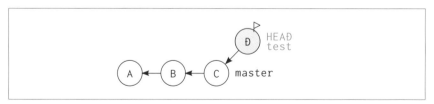

▲図3.4：testブランチにコミットした

masterブランチの成長は止まったままです。

Gitにおけるブランチは、内部的には**1つのコミットを指すポインタ**で、それはそのブランチで伸びる履歴の先端を指しています。図3.4の状態では、

masterブランチを表すポインタはコミットCを、testブランチを表すポインタはコミットＤを指しています※2。HEAĐもポインタでしたね。いまHEAĐは**test ブランチの先端と一体化**しています。だからコミットをするたびにHEAĐが進み、同時にtestブランチも伸びるのです。

　この状態で、HEAĐをmasterブランチの先端に戻します（この操作を**ブランチを切り替える**といいます）。すると今度はHEAĐがmasterブランチの先端と一体化して（図3.5）、

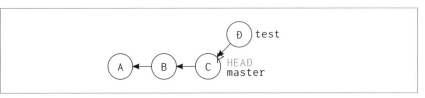

▲図3.5：masterブランチにHEADを戻す

次にコミットしたときにはmasterブランチが伸びます（図3.6）。

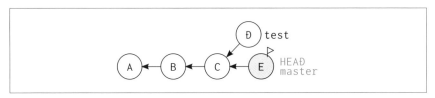

▲図3.6：masterブランチへコミット

　言葉がちょっと分かりづらかったですね。Gitでは「ブランチ」という言葉を、このように以下の2つの意味で使います。

- 一連のコミットの履歴
- その先端のコミットを指すポインタ

※2　図3.4で、コミットBがmasterとtestのどちらのブランチにあるかというと、Git的には、両方のブランチに属しているともいえるし（どちらのポインタからもその先祖として到達できるから）、どちらのブランチでもない（ブランチは先端だから）ともいえます。実際の開発では、testブランチを作る前にmasterブランチでコミットBを作ったのだから、masterブランチにあるという場合が多いでしょう。ややこしいですが、文脈で判断して下さい。

厳密には使い分ける必要があるのでしょうが、本書ではGitの普通の言葉づかいに従って、どちらも単に「ブランチ」ということにします。どちらの意味かは文脈で判断して下さい。

マージ

　その後、masterブランチでの開発が進み、並行してtestブランチでも開発が進みました（図3.7）。

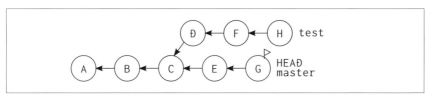

▲図3.7：masterとtestの両方が伸びた

　testブランチで開発した機能がよいものだったので、それを開発の本筋であるmasterブランチに取り入れることにします。そのためには、testブランチでの**変更を**masterブランチに**取り込む**ことによってマージを行ないます（図3.8）。

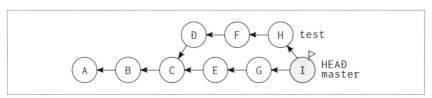

▲図3.8：マージ

　これでtestブランチでの開発内容（Ð、F、H）がmasterブランチに取り込まれました。コミットGとHは両方ともコミットIの親になります。testブランチの先端は変わっていないことに注意しましょう。この先もまだtestブランチで開発を続けられます。それによる変更もまた後でmasterブランチに取り込むことができます（図3.9）。

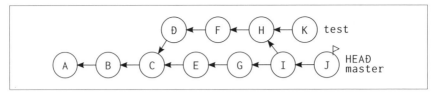

▲図3.9：開発の継続

G 02 ブランチを作る

新しくブランチを作る方法を説明します。

　運動会のプログラムを作ることにしましょう。SportsFest というディレクトリを作り、そこで git init して空のリポジトリを作ります。

コマンド

```
$ mkdir SportsFest
$ cd SportsFest
$ git init
Initialized empty Git repository in /.../SportsFest/.git/
$
```

　そして、プログラムの最初のバージョンとして、以下の内容を持つファイル program.txt を作り、ステージしてコミットします。

▼リスト3.1：program.txt

```
春の大運動会
＊開会式
＊閉会式
```

コマンド

```
$ git add program.txt
$ git commit -m "プログラム作成開始"
[master (root-commit) 9fdcbe1] プログラム作成開始
 1 file changed, 3 insertions(+)
 create mode 100644 program.txt
$
```

ブランチの一覧を見る

コマンド

```
git branch
```

最初のコミット時、Gitは開発の主軸となるmasterブランチを自動的に作って、そこにコミットを入れます（図3.10）。

▲図3.10：最初のコミット直後の状態

git branchコマンドを実行すると、現在あるブランチの一覧と、いまどのブランチにいるか（HEADがどのブランチに乗っているか）が表示されます。

コマンド

```
$ git branch
* master
$
```

現在はmasterブランチだけがあります。*印が、いまいるブランチを示しています。

ブランチを作る

コマンド

```
git branch ブランチ名
```

program.txtに競技種目を追加し、ステージしてコミットしましょう。

▼リスト3.2：program.txtに種目を加える

```
春の大運動会
* 開会式
```

```
* 玉入れ
* 大玉転がし
* 閉会式
```

```
$ git add -u
$ git commit -m "玉関係の競技を加えた"
[master 2895e72] 玉関係の競技を加えた
 1 file changed, 2 insertions(+)
$
```

　元のHEADの子として新しいコミットが作られ、HEADがそこに移ります。いまmasterブランチの先端とHEADが一体化しているので、masterブランチも同時に伸びます（図3.11）。

▲図3.11：masterブランチへのコミット

　さて、ここでブランチを作りましょう。masterブランチでは今後も競技種目を追加していくことにして、それ以外の儀礼的な手順（表彰式など）を別のブランチで追加することにします。ブランチ名はprocにしましょう。git branchコマンドにブランチ名を与えて、現在のHEADのところに新しいブランチを作ります。

```
$ git branch proc
```

procという名前のブランチができました。一覧を見てみましょう。

```
$ git branch
* master
  proc
$
```

まだ現在のブランチはmasterのままですが、たしかにprocというブランチができています。git branchに-vオプションを与えると、ブランチの先端があるコミットの情報も表示されます。

```
$ git branch -v
* master 2895e72 玉関係の競技を加えた
  proc   2895e72 玉関係の競技を加えた
$
```

うん、同じところにあるようですね。いま図3.12のような状態になっています。

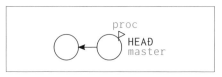

▲図3.12：procという名前のブランチを作った

ブランチの名前

ブランチ名としては普通、英数字の並びか、それをピリオド（.）やマイナス（-）、アンダースコア（_）などで区切ったものを使います。たとえばnextやhotfix、maint-server2のようにつけます。使えない記号としては、コロン（:）、チルダ（~）、カレット（^）、ピリオドふたつの並び（..）などがあります。その他、先頭にピリオドがあってはいけないなど、細かいルールがありますが、git branchに指定してみれば、使えない名前なら教えてくれるので大丈夫です。

演習

演習1

本文に従ってSportsFestプロジェクトを作り、procという名前のブランチを作ってみましょう。ちゃんとできたかgit branchやgit branch -vで確認しましょう。

03 ブランチを伸ばす

ブランチにコミットするとブランチが伸びます。

ブランチにいるときにコミットする

新たに作ったprocブランチで作業をする前に、もう少しだけmasterブランチを伸ばしておきましょう。program.txtをさらに修正して、ステージし、コミットします。

▼リスト3.3：program.txtにさらに種目を追加

```
春の大運動会
＊開会式
＊玉入れ
＊大玉転がし
＊二人三脚
＊徒競走
＊閉会式
```

コマンド

```
$ git add -u
$ git commit -m "走る競技を追加"
[master 23f83a4] 走る競技を追加
 1 file changed, 2 insertions(+)
$
```

こうすると、procブランチには影響がなく、masterブランチが伸びます。HEADがmasterブランチの先端と一体化しているからです（図3.13）。

75

▲図3.13：masterブランチへのコミット（procは動かない）

演習

演習1

本文のようにしてmasterブランチを伸ばしてみましょう。

演習2

その結果、masterブランチが伸び、procブランチは動いていないことを、git branch -vで確認しましょう。

G04 ブランチを切り替える

「現在のブランチ」（HEADと一体化しているブランチ）を切り替える方法を説明します。

ブランチをチェックアウトする

コマンド

```
git checkout ブランチ
```

さて、運動会に手順をいくつか加えるために、procブランチに移って作業しましょう。ブランチを切り替えるには、**ブランチをチェックアウト**します。そのためのコマンドは、これまでにも何度か出てきたgit checkoutです[3]。

コマンド

```
$ git checkout proc
Switched to branch 'proc'
$
```

どのブランチにいるか見てみましょう。

コマンド

```
$ git branch
  master
* proc
$
```

---

[3] 新しめのGitなら、代わりにgit switchコマンドが使えるかもしれません。

＊印がprocのほうに移っています。無事移動できたようです（図3.14）。

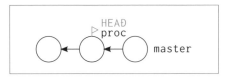

▲図3.14：ブランチを切り替える

program.txtの内容を見ると、以下のようになっているはずです[4]。

コマンド

```
$ cat program.txt
春の大運動会
＊ 開会式
＊ 玉入れ
＊ 大玉転がし
＊ 閉会式
$
```

　これは、procブランチの先端があるコミットの内容です。ブランチをチェックアウトすると、**HEADがその先端のコミットを指す**ようになり、そのコミットの内容が**ステージと作業ツリーに取り出される**のです。

　もう1つ、大事なことがあります。それは、ブランチをチェックアウトすると、その**ブランチの先端とHEADが一体化する**ことです。これが「ブランチを切り替える」の意味です。git branchの出力の＊印は、どのブランチの先端とHEADが一体化しているかを示しているのです。

履歴の枝分かれ

　開会式の後に、選手宣誓を入れましょう。

※4　catコマンドはUNIX系OSでテキストファイルの内容を表示するコマンドです。Windowsなら
　　エディタやメモ帳で開くか、コマンドプロンプトのtypeコマンドを使ったりしてみて下さい。

▼リスト3.4：選手宣誓を追加

```
春の大運動会
＊ 開会式
＊ 選手宣誓
＊ 玉入れ
＊ 大玉転がし
＊ 閉会式
```

　二人三脚や徒競走が入っていませんが、気にしなくてよいです。それは
masterブランチに任せておきます。後で両方の変更をマージするからいいの
です。

```
$ git add -u
$ git commit -m ”選手宣誓を追加”
[proc fcdb7ed] 選手宣誓を追加
 1 file changed, 1 insertion(+)
$
```

　このようにコミットすると、このコミットの親は、2つの子を持つことにな
ります。これで履歴が分岐しました（図3.15）。

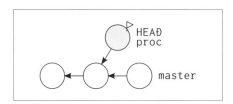

▲図3.15：履歴の分岐

　masterブランチに戻って、program.txtの内容を見てみましょう。masterブ
ランチに切り替えるために、masterブランチをチェックアウトします。ちゃん
と移れたか、念のためにgit branchで確認してみましょう。

```
$ git checkout master
Switched to branch 'master'
$ git branch
* master
  proc
$
```

コマンド

program.txtの内容はこうなっているでしょう。

コマンド

```
$ cat program.txt
春の大運動会
* 開会式
* 玉入れ
* 大玉転がし
* 二人三脚
* 徒競走
* 閉会式
$
```

　選手宣誓はなく、二人三脚と徒競争があります。masterブランチで最後にコミットした状態がリポジトリから取り出されています。このように、ブランチの間は自由に行き来できます。ただし、**ブランチを切り替えるのは、作業ツリーとステージがクリーンなとき**にしましょう。そうでないときに切り替えようとすると、Gitは警告を出して切り替えを取りやめます。未コミットの変更が失われる可能性があるからです。

演習

演習1
　本文に従って、procブランチを伸ばしてみましょう。

演習2
　その後、masterブランチの先端におけるprogram.txtの内容と、procブランチの先端のprogram.txtの内容をgit diffを使って比較しましょう。ヒント：ブランチ名は、その先端を指すポインタです。

G 05 ブランチの状況を見る

ブランチの状況をグラフィカルに見る方法を説明します。

履歴をグラフィカルに表示する

コマンド

```
git log --all --graph
gitk --all
```

git logコマンドに--all --graphというオプションを与えると、ブランチの様子を以下のように表示してくれます。

コマンド

```
$ git log --all --graph
* commit fcdb7edb158595c929efff3c0d2697868c3a219f (proc)
| Author: John Doe <johndoe@example.com>
| Date:   Tue Apr 20 14:22:04 2021 +0900
|
|     選手宣誓を追加
|
| * commit 23f83a487b8e8fff8e32938833d3fb8712d52903 (HEAD -> master)
|/  Author: John Doe <johndoe@example.com>
|   Date:   Tue Apr 20 14:20:00 2021 +0900
|
|     走る競技を追加
|
* commit 2895e72445f0f43deb86ae6a915dad828faf2dcd
| Author: John Doe <johndoe@example.com>
| Date:   Tue Apr 20 14:17:48 2021 +0900
|
|     玉関係の競技を加えた
|
```

```
* commit 9fdcbe1082fcc7d6620c995c664a2dc381c10f13
Author: John Doe <johndoe@example.com>
Date:  Tue Apr 20 14:14:35 2021 +0900

    プログラム作成開始
$
```

　--allはすべてのブランチについて表示するという指定です。これがないと、現在のブランチに関する情報だけを表示します。
　オプション--onelineを加えると、各コミットにつき1行を表示します。

```
$ git log --all --graph --oneline
* fcdb7ed (proc) 選手宣誓を追加
| * 23f83a4 (HEAD -> master) 走る競技を追加
|/
* 2895e72 玉関係の競技を加えた
* 9fdcbe1 プログラム作成開始
$
```

　こっちのほうが枝分かれが見やすいですね。以下のことが分かります。

- コミットfcdb7edがprocブランチの先端である。
- コミット23f83a4がmasterブランチの先端で、HEADはmasterと一体化している。
- それらのブランチがコミット2895e72で分岐している。

　ウィンドウシステムなら、Gitに付属の**gitk**というツールが使えるでしょう。次のようにして起動します[5]。

コマンド

```
$ gitk --all &
```

---

[5] 「&」はUNIX系OSでジョブ（タスク）の終了を待たずにコマンド入力ができるようにする指定です。

図3.16のようなウィンドウが表示されるはずです。

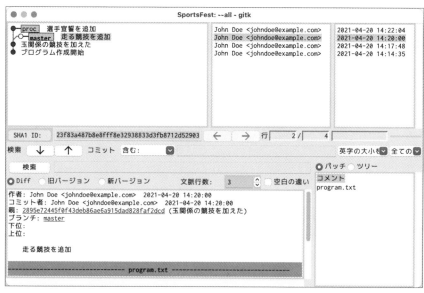

▲図3.16：gitkのウィンドウ

　左上の欄がブランチの様子を表しています。masterのところにある薄い色
の丸（カラー画面では黄色）がHEADの位置です。コミットやブランチに関する
操作をしてから、gitkのファイル（File）メニューで更新（Update）やリロー
ド（Reload）をすると、そのときの状態が表示されます。いつも表示させてお
くと便利なツールです。

コラム

GUIツール

ブランチの状況を分かりやすく表示するGUIツールはgitk以外にも数多く
あります。Gitの本家サイトにも紹介があります。

URL https://git-scm.com/downloads/guis/

ツールによっては表示だけでなく、チェックアウトなどの操作ができたりもします。

演習

演習1

　git logに--allオプションを指定するときとしないときで表示がどう違うか見てみましょう。

演習2

　ブランチをmasterからprocに切り替えてから（あるいはその逆をやってから）gitkの表示を更新して、HEADの位置が動くことを確認しましょう。

G 06 他のブランチの変更を
取り込む

あるブランチに、他のブランチで行なった変更を取り込むことができます。そのためにはマージという作業をします。

ブランチをマージする

git merge 相手ブランチ

　Gitを使った開発では一般に、**masterブランチが開発の主軸**で、最終的な成果は基本的にこのブランチに作り上げます。いま行なっている運動会プログラムの作成では、この（競技を並べていく）主軸とは別に、手順用のブランチprocで手順を挙げています。そのため最終的には、procブランチでの開発を、masterブランチに取り込む必要があります。このときに行なう作業が**ブランチのマージ**（merge、併合）です。

ブランチのマージとは

　procブランチをmasterブランチにマージするとは、2つのブランチの分岐以降の両者の変更を反映したコミットを作ることです。仮にコミットA、B、Cとmasterブランチで開発が進み、コミットCでprocブランチが分かれて、その後、masterブランチでĐ、E、procブランチでP、Q、Rと開発が進んだとします（図3.17）。

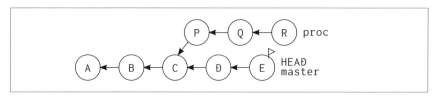

▲図3.17：2つのブランチで開発が進む

　ここで、procブランチをmasterブランチにマージします。マージによって
コミットZを作ります。この新しいコミットを**マージコミット**と呼びます（図
3.18）。

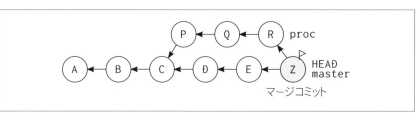

▲図3.18：procをmasterにマージ

　分かれたC以降のmasterブランチの変更は、コミットEに含まれています。
だから、C以降のprocブランチの変更をEに加えてZを作ればよいのです。C以
降のprocブランチの変更とは、**RとCの差分**です。これを**Eに適用**すること
でマージを行ないます。これを自動的に行なうのがgit mergeコマンドです。

マージの実際

　まだmasterもprocも最終的な状態ではありませんが、ここでマージをして
みましょう。その前に現在のファイルの内容を確認しておきます。procの
program.txtは、

```
$ git checkout proc
Switched to branch 'proc'
$ cat program.txt
春の大運動会
* 開会式
* 選手宣誓
```

```
* 玉入れ
* 大玉転がし
* 閉会式
$
```

masterのほうは、

コマンド

```
$ git checkout master
Switched to branch 'master'
$ cat program.txt
春の大運動会
* 開会式
* 玉入れ
* 大玉転がし
* 二人三脚
* 徒競走
* 閉会式
$
```

となっています。このプロジェクトでは、分岐してからprocに1回コミットし
たので、分岐したコミットはproc^です。よって、procでの分岐以降の変更は、
git diff proc^ procで見ることができます。

コマンド

```
$ git diff proc^ proc
diff --git a/program.txt b/program.txt
index 982ea70..66239d0 100644
--- a/program.txt
+++ b/program.txt
@@ -1,5 +1,6 @@
 春の大運動会
 * 開会式
+* 選手宣誓
 * 玉入れ
 * 大玉転がし
 * 閉会式
$
```

そう、選手宣誓を入れたのでした。マージして、これがmasterに入ってほしい。やってみましょう。まず、変更を取り込むほうのブランチに行きます。

```
$ git checkout master
Already on 'master'
$
```

おっと、すでにmasterにいたようです。ここでgit merge procを実行します。

```
$ git merge proc
Auto-merging program.txt
```

マージによって新しくコミットを作るので、コミットメッセージを入れるためにエディタが立ち上がります。

▼リスト3.5：コミットメッセージを編集

```
Merge branch 'proc'
# Please enter a commit message to explain why this merge is necessary,
# especially if it merges an updated upstream into a topic branch.
#
# Lines starting with '#' will be ignored, and an empty message aborts
# the commit.
```

あらかじめMerge branch 'proc'というメッセージが入っています。これを残してもいいし、変えてもいいですが、とにかくこのコミットのためのメッセージを編集し、保存してエディタを終了します。

```
Merge made by the 'recursive' strategy.
 program.txt | 1 +
 1 file changed, 1 insertion(+)
$
```

1つのファイルが変更され、1か所の挿入をした、と表示されました。うまくいったようです。program.txtの内容を見てみましょう。

```
$ cat program.txt
春の大運動会
＊開会式
＊選手宣誓
＊玉入れ
＊大玉転がし
＊二人三脚
＊徒競走
＊閉会式
$
```

　正しく選手宣誓が入りました。git log --graph --onelineの出力は、

```
$ git log --graph --oneline
*   c561191 (HEAD -> master) 手順は途中だけどマージしてみる
|\
| * fcdb7ed (proc) 選手宣誓を追加
* | 23f83a4 走る競技を追加
|/
* 2895e72 玉関係の競技を加えた
* 9fdcbe1 プログラム作成開始
$
```

ちゃんとマージを示しています。gitkを動かしているならそちらの表示も更新してみましょう。

　このマージでprocの位置は変わりません。ブランチが伸びるのはmasterのほうです。git branch -vで見てみると、procは変わらず選手宣誓を追加したコミットを指しています。

```
$ git branch -v
* master c561191 手順は途中だけどマージしてみる
  proc   fcdb7ed 選手宣誓を追加
$
```

今回のマージでは、procの中に変更は1か所しかありませんでした。これがたくさんあっても、その箇所ごとにGitは変更を適用しようとします。そしてうまくいけば、すべて自動的に変更されます。でも、うまくいかない場合もあります。それが次に説明するコンフリクトです。

演習

演習1

　本文に従って、マージを試してみましょう。マージするためにmasterに切り替えるときには、現在のブランチをgit branchコマンドで確認し、もしmasterでなければ、git statusで作業ツリーがクリーンなことを確認してからブランチを切り替えましょう。

07 コンフリクトを扱う

マージが自動的にできないことをコンフリクトといいます。コンフリクトが起きた場合には人間が手でそれを解消する必要があります。

手で編集し、ステージしてコミットする

`コマンド`

```
git add ファイル
git commit
```

マージをするとき、一方のブランチでの変更箇所が他方のブランチの変更箇所と重なっていると、自動での変更適用が失敗します。この状態を**コンフリクト**（conflict、競合）といいます。両方の変更をどう適用するのかGitには分からないという状態で、ユーザが正しい適用結果をGitに教えてやる必要があります。そのためには、ファイルを手で編集し、ステージしてコミットします。

コンフリクトの発生

運動会プログラムの作成も終盤を迎えています。masterブランチでは大物競技である借り物競争と騎馬戦を追加し、

▼リスト3.6：masterで種目を追加

```
春の大運動会
＊開会式
＊選手宣誓
＊玉入れ
＊大玉転がし
＊二人三脚
＊徒競走
＊借り物競走
```

```
* 騎馬戦
* 閉会式
```

procブランチでは表彰式を加えましょう。

▼リスト3.7：procで表彰式を加える

```
春の大運動会
* 開会式
* 選手宣誓
* 玉入れ
* 大玉転がし
* 表彰式
* 閉会式
```

　procブランチのprogram.txtに、masterブランチでそれまでに追加した二人三脚と徒競争がないのが気になるかもしれませんが、これはこれで大丈夫です。この後で再びprocブランチをmasterブランチにマージしますが、そのときには**分岐点以降の変更**が適用になるので、むしろ二人三脚などがあってはいけません。分岐以降には、選手宣誓と、表彰式だけがあるのが正しいです。このブランチは、手順についての変更に特化しているべきなのです。

　ではマージしましょう。masterブランチに行って、git merge procとします。

コマンド

```
$ git merge proc
Auto-merging program.txt
CONFLICT (content): Merge conflict in program.txt
Automatic merge failed; fix conflicts and then commit the result.
$
```

　あら、失敗しました。program.txtの中でコンフリクトが発生したと書いてあります。ファイルの中を見ると、以下のようになっています。

▼リスト3.8：コンフリクトの印が入ったファイル

```
春の大運動会
＊ 開会式
＊ 選手宣誓
＊ 玉入れ
＊ 大玉転がし
<<<<<<< HEAD
＊ 二人三脚
＊ 徒競走
＊ 借り物競走
＊ 騎馬戦
=======
＊ 表彰式
>>>>>>> proc
＊ 閉会式
```

これらの<<<<<<<や=======などはGitがコンフリクトを示すために入れた印です。=======の上側がHEAD（つまりmaster側）で分岐以降に行なわれた変更、下側がproc側での変更で、これらが同じ場所（大玉転がしの後、閉会式の前）に行なわれているので、Gitにはどうすればいいか分からなかったのです。

この状態でステージ内を git ls-files -s で見ると、以下のようになっています。

コマンド

```
$ git ls-files -s
100644 66239d092d452d7f54f45a48ca84bce32365d08e 1    program.txt
100644 a23b0f1592523c5bf20adcade52c9d7894f9b628 2    program.txt
100644 a5df3c0bd2e2f43293263975a8671d1eb3e2abfb 3    program.txt
$
```

異なったprogram.txtが3つステージされています。これもコンフリクトが起きている印です。このとき git status の出力は以下のようになります。

```
$ git status
On branch master
You have unmerged paths.
  (fix conflicts and run "git commit")
  (use "git merge --abort" to abort the merge)

Unmerged paths:
  (use "git add <file>..." to mark resolution)
        both modified:   program.txt

no changes added to commit (use "git add" and/or "git commit -a")
$
```

　マージされていないファイルがある（You have unmerged paths.）と表示されています。Unmerged pathsのところを見ると、program.txtのマージができていないことが分かります。both modifiedもコンフリクトが起きている印です。

コンフリクトを解消する

　コンフリクトを解消するには、まずファイルを編集して、正しくマージされた状態にします[6]。

▼リスト3.9：正しくマージされた状態をエディタで作る

```
春の大運動会
* 開会式
* 選手宣誓
* 玉入れ
* 大玉転がし
* 二人三脚
* 徒競走
* 借り物競走
* 騎馬戦
* 表彰式
* 閉会式
```

※6　ここで説明するコンフリクトの解消作業をグラフィカルに行なえるGUIツールもあります。

そしてこれをステージします。

```
$ git add program.txt
$
```

するとステージの中で3つだったファイルが通常通り1つになり、

```
$ git ls-files -s
100644 55aaf2bdfc7d6f78c014c689c07781b8a78cb84e 0        program.txt
$
```

これがGitに対して「コンフリクトを解消した」と伝えるサインになります（そうしないと次のコミットができないようになっています）。そうしたらコミットします。

```
$ git commit
```

エディタが立ち上がったときのコミットメッセージは以下のようになっているでしょう。

▼リスト3.10：コンフリクトを解消した後のコミットメッセージの編集

```
Merge branch 'proc'

# Conflicts:
#       program.txt
#
# It looks like you may be committing a merge.
# If this is not correct, please run
#       git update-ref -d MERGE_HEAD
# and try again.


# Please enter the commit message for your changes. Lines starting
# with '#' will be ignored, and an empty message aborts the commit.
#
```

```
# On branch master
# All conflicts fixed but you are still merging.
#
# Changes to be committed:
#       modified:   program.txt
#
```

　これを適切に編集して、コミットすると、マージが完了します。でき上がったファイルは、

▼リスト3.11：マージ完了後の program.txt

```
春の大運動会
＊開会式
＊選手宣誓
＊玉入れ
＊大玉転がし
＊二人三脚
＊徒競走
＊借り物競走
＊騎馬戦
＊表彰式
＊閉会式
```

git log の出力は、

```
$ git log --graph --oneline --all
*   7d28ce5 (HEAD -> master) proc ブランチから手続きをマージ
|\
| * 61201dc (proc) 表彰式を追加
* | 7695de5 大物競技を追加
* | c561191 手順は途中だけどマージしてみる
|\|
| * fcdb7ed 選手宣誓を追加
* | 23f83a4 走る競技を追加
|/
* 2895e72 玉関係の競技を加えた
* 9fdcbe1 プログラム作成開始
$
```

のようになるでしょう。

マージを中止する

コマンド

```
git merge --abort
```

　コンフリクトが起きたときには、作業ツリーも、ステージも、.gitディレクトリ内も、**マージ途中の状態**になっています。コンフリクトの解消を行なわずにマージを取りやめたい場合には、これらをきれいにする必要があります。このためのコマンドがgit merge --abortです。これを実行すると、マージ前の状態（git merge実行前の状態）に戻してくれます。

コマンド

```
$ git merge proc
Auto-merging program.txt
CONFLICT (content): Merge conflict in program.txt
Automatic merge failed; fix conflicts and then commit the result.
$ git status
On branch master
You have unmerged paths.
  (fix conflicts and run "git commit")
  (use "git merge --abort" to abort the merge)

Unmerged paths:
  (use "git add <file>..." to mark resolution)
        both modified:   program.txt

no changes added to commit (use "git add" and/or "git commit -a")
$ git merge --abort
$ git status
On branch master
nothing to commit, working tree clean
$
```

演習

演習1

　本文に従って、コンフリクトを起こし、それを解消して、運動会プログラムを完成させましょう。

演習2

　大事なイベントを忘れていました。masterブランチで徒競争の直後に「リレー」を、procブランチで開会式の直後に「校長先生あいさつ」を入れ、その後でprocブランチをmasterブランチにマージして最終版の運動会プログラムを作りましょう。

ブランチの先端を移動する

ブランチの先端を別のコミットに強制的に移動することができます。

HEADとともにブランチを移動させる

コマンド

`git reset` コミット

　ブランチは、その先端を指すポインタです。そのポインタは、普通はブランチが伸びるとともに移動します。ブランチの先端がHEADと一体化しているときに`git reset`を使うと、**任意のコミットに強制的にそのブランチ先端を移動できます**。最近の履歴をなかったことにする方法（第2章19節）で見たように、`git reset`はHEADを移動するためのコマンドですが、ブランチ先端と一体化しているときにはブランチ先端も移動させるのです。

　この使い方はすでに説明しました。masterブランチにいるとき、masterの過去のコミットを指定して`git reset`すると、それ以降の履歴を捨てることができます。これは、masterというポインタをHEADとともに昔のコミットに移すためです。その後は、masterブランチをチェックアウトしても、捨てた部分のコミットに行くことはできません（図3.19）。

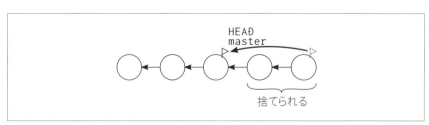

▲図3.19：git resetでブランチ先端を以前のコミットに移す

99

ブランチを移動してみる

procブランチを強制的に移動してみましょう。まずprocをチェックアウトします。そしてgit log -1として、現在procが指すコミットのハッシュをメモしておきましょう。オプションの-1（マイナスと数字の1）は、コミット1個分だけ表示せよという指定です。

```
$ git checkout proc
Switched to branch 'proc'
$ git log -1
commit 3df219fa740e16ef44b18684b09af2ec5f2c034a (HEAD -> proc)
Author: John Doe <johndoe@example.com>
Date:   Tue Apr 20 14:41:37 2021 +0900

    校長先生あいさつを追加
$
```

コミットIDは3df219f……となっていますので、最初の3df219くらいをメモしておけば大丈夫でしょう。

さて、ここからHEADと同時にprocを移動します。移動先は、procと無関係なmaster^にしましょう。

```
$ git reset --hard master^
HEAD is now at 20dadac リレーを追加
$
```

gitkで見ると、移動前は図3.20で、移動後は図3.21のようになります。

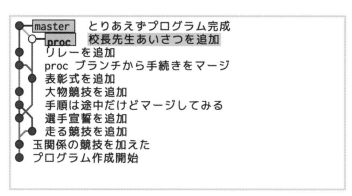

▲図3.20：HEADを移動する前

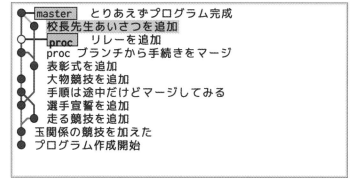

▲図3.21：HEADを移動した後

　HEAD（薄い色の丸）と一緒にprocが移動したのが分かります。ただし、proc がたどってきた履歴（行なってきたコミット）には影響がありません。git resetはあくまでポインタ（HEADとブランチ先端）を動かすだけのコマンドです。

　ここにprocがあっても意味がないので、さっきメモしておいたハッシュを使ってprocを元の場所に戻しましょう。

コマンド

```
$ git reset --hard 3df219
HEAD is now at 3df219f 校長先生あいさつを追加
$
```

これで元の状態に戻りました。

演習

演習1

　本文のやり方を使って、procを好きな位置に動かし、また戻してみましょう。注意：masterを動かさないように気をつけて下さい[7]。

---

[7]　もしも動かしてしまったら、git reflog show masterというコマンドの出力を参考に復旧を試みるのもいい練習です。

ブランチを削除する

不要なブランチを削除する方法を説明します。

ブランチを削除する

コマンド

```
git branch -d ブランチ
git branch -D ブランチ
```

　運動会のプログラムが完成し、procブランチでの変更はすべてmasterブランチに取り込まれました。これでprocブランチの役割は終わったので、ブランチを削除しましょう。ブランチを削除するには**git branch -d**を使います。procにHEADがある状態では削除できません。まずはHEADをmasterに移しましょう。

コマンド

```
$ git checkout master
Switched to branch 'master'
$
```

　そしてprocを削除します。

コマンド

```
$ git branch -d proc
Deleted branch proc (was 3df219f).
$
```

　これでprocはなくなりました。

```
$ git branch
* master
$
```

　ブランチの先端を指すポインタが削除されただけで、これまでの履歴は残っています（図3.22）。

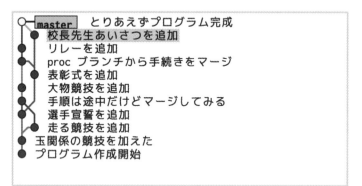

▲図3.22：ブランチの削除

強制的な削除

　もしも削除しようとしたブランチ（仮にproc2とします）に、他のブランチにマージされていないコミットがあると、git branch -dはブランチを削除しません。この場合、以下のようにエラーになります。

```
$ git branch -d proc2
error: The branch 'proc2' is not fully merged.
If you are sure you want to delete it, run 'git branch -D proc2'.
$
```

　そのブランチが本当に不要で、強制的に削除するには、**git branch -D**を使います。

```
$ git branch -D proc2
```

演習

演習1

　git branch -dを使ってprocブランチを削除しましょう。

G 10 コミットをリポジトリから取り出す

履歴にある任意のコミットを指定してリポジトリから取り出すことができます。

コミットをチェックアウトする

```
コマンド
git checkout コミット
git checkout -b ブランチ名 コミット
```

　過去のコミットからファイルを取り出すやり方は第2章17節で説明しました。また、ブランチをチェックアウトする方法は本章04節で説明しました。ここでは、履歴にある**任意のコミットをチェックアウトする方法**を説明します。

　やり方は簡単です。**git checkout**に引数としてコミットを指定すればよいだけです。そうするとそのコミットがチェックアウトされて、HEADがそのコミットを指すようになります。コミットを表す引数としては、ハッシュや、ポインタやブランチを使った表現（HEAD^^やmaster~2など）が指定できます。

　ただし、この方法でコミットを取り出すと、**切り離されたHEAD**という状態になるので注意が必要です。

切り離されたHEAD

　切り離されたHEAD（detached HEAD）とは、HEADがどのブランチの先端とも一体でない状態のことです。そのため、この状態で新しいコミットを作ると、それは元のHEADの子にはなりますが、どのブランチも伸ばしません。作られるコミットは、ブランチに関連づけられていないものになってしまいます。HEADがそこから離れると、そのコミットには普通の方法ではアクセスできな

くなり、そのうち削除されます※8。

この状態になるとき、Gitは忠告してくれます。

```
$ git checkout master^
Note: switching to 'master^'.

You are in 'detached HEAD' state. You can look around, make experimental
changes and commit them, and you can discard any commits you make in this
state without impacting any branches by switching back to a branch.

If you want to create a new branch to retain commits you create, you may
do so (now or later) by using -c with the switch command. Example:

  git switch -c <new-branch-name>

Or undo this operation with:

  git switch -

Turn off this advice by setting config variable advice.detachedHead ⏎
to false

HEAD is now at d95f94c リレーを追加
$
```

git branchで見ると、いまHEADがどのブランチにも乗っていない「切り離
された（detached）」状態であることが分かります。

```
$ git branch
* (HEAD detached at d95f94c)
  master
$
```

この状態で、コミットをしないなら構いません。もしコミットをするなら、

※8　Gitは、ポインタやブランチ、また第4章で説明するタグから到達できないコミットなどのデータ
　　を自動的に削除するごみ集め（garbage collection）を適当なタイミングで行ないます。

それが失われないように、そのコミットによって伸びるブランチを作りましょう。いままでのやり方なら、

```
$ git branch 新しいブランチ
...
$ git checkout 新しいブランチ
```

としますが、これを一度にやるのが次のコマンドです。

```
$ git checkout -b 新しいブランチ
```

このコマンドは、HEADの位置にブランチを作ってすぐにそのブランチに切り替えます。

>> メ モ

実際の開発でブランチを作るには、git branchよりもこのgit checkout -bをよく使います[9]。HEADからブランチを作ってすぐにそちらに切り替えて作業できるからです。

切り離されたHEAD状態から戻る

切り離されたHEAD状態からそうでない普通の状態に戻るには、どこかのブランチに乗ります。たとえばmasterに戻るには、

---

[9] 新しめのGitでは、git checkout -bと同様のことがgit switch -cコマンドでできるかもしれません。本書で用いているバージョン2.30にはこのコマンドがあり、切り離されたHEAD状態になる際に表示されるメッセージにそれが書いてあります。

```
コマンド
$ git checkout master
```

とします。

　git checkoutは、引数として**ブランチ名が指定されたらそのブランチに切り替え、そうでないものが指定されたら切り離されたHEAD状態にします**。たとえばmasterのハッシュがe1d1815であるときに、

```
コマンド
$ git checkout master
```

とすると、もちろんmasterブランチのチェックアウトなので切り離されたHEAD状態にはなりませんが、

```
コマンド
$ git checkout e1d1815
```

だと、同じコミットを指定してはいますが、切り離されたHEAD状態になります。

演習

演習1

　master^ をチェックアウトして、切り離されたHEAD状態になったことをgit branchで確認しましょう。

演習2

　次にmasterをチェックアウトして、切り離されたHEAD状態でなくなったことをgit branchで確認しましょう。

演習3

　master~0をチェックアウトすると、どのような状態になるでしょうか。

11 早送りマージ

あるブランチで行なった変更を、その祖先のブランチに取り込む場合、マージコミットを作らない早送りマージが可能です。

マージの種類

　git mergeが行なうマージ方法には2種類あります。これまで説明した方法は**3方向マージ**（3-way merge）という普通のマージ方法です。2つのブランチが分かれたコミット、変更を取り込むブランチ、取り込まれるブランチ、の3者の情報でマージが行なわれます[10]。

　これに対して、**早送りマージ**（fast-forward merge）というマージ方法があります。これは、変更を取り込むブランチ先端が、取り込まれるブランチ先端**の祖先である場合にだけ可能**なマージです。図3.23で、masterはprocの祖先になっています。

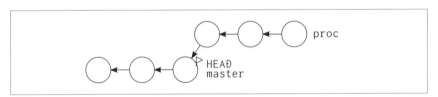

▲図3.23：早送りマージが可能なブランチの関係

　masterからprocが分岐して、procで開発が進む間、masterが動かないと、この状況になります。ここで、masterにprocをマージすると、普通の3方向マージではマージコミットが作られて、図3.24のようになります。

※10　なのでむしろ「3者マージ」と呼んだほうが分かりやすいかもしれません。

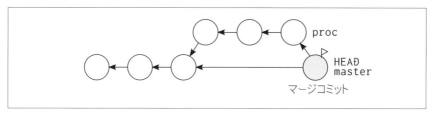

▲図3.24：3方向マージをした場合

早送りマージではこれが図3.25のようになります。

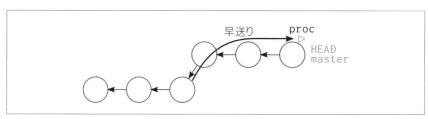

▲図3.25：早送りマージをした場合

このように早送りマージでは、**マージコミットを作らずにポインタを進める
だけで済ませてしまう**のです。これでもmasterにはprocでの変更が取り込ま
れているので大丈夫です。そしてコンフリクトは原理的に起きません。

早送りマージの例

git mergeは、特に指定しなければ、可能なときには早送りマージをします。

```
$ git merge proc
Updating e1d1815..ed54000
Fast-forward
 program.txt | 1 +
 1 file changed, 1 insertion(+)
$
```

Fast-forwardが早送りマージをしているという表示です。

3方向マージをさせたいとき

```
git merge --no-ff 相手ブランチ
```

　早送りマージが可能な場合でも、3方向マージをさせたいなら、git mergeに--no-ffオプションをつけます。

```
$ git merge --no-ff proc
Merge made by the 'recursive' strategy.
 program.txt | 1 +
 1 file changed, 1 insertion(+)
$
```

　今度は画面にMerge made by the 'recursive' strategy.と出力されています。早送りマージと違ってマージコミットを作るので、コミットメッセージを書くためにエディタが立ち上がります。

演習

演習1

　SportsFestプロジェクトのmasterブランチの位置に再びprocブランチを作り、procブランチに切り替えましょう。ヒント：git checkout -bを使うと便利です。

演習2

　program.txtに任意の1行（たとえば「準備体操」）を追加し、procブランチにコミットしてから、procブランチをmasterブランチに--no-ffなしでマージすると、早送りマージになることを確認しましょう。

演習3

　再びprocブランチに切り替え、program.txtに好きな1行（たとえば「教頭先生あいさつ」）を追加して、今度は--no-ffつきでprocをmasterにマージすると3方向マージになることを確認しましょう。

Chapter4

タグを使う

タグはコミットに印をつける機能です。開発しているソフトウェアの各バージョンをタグとしてコミットにつける、などの使い方ができます。

01 タグとは

タグはコミットにつける印です。

　Gitのコミットはそれぞれハッシュを持っていますが、見て分かりやすいものではありませんし、コマンドに指定するのも大変です。**タグ**を使うと、人間に分かりやすい名前をコミットに与えることができます。たとえばv1.0とか、Release_Aとかというタグをつけられます（図4.1）。

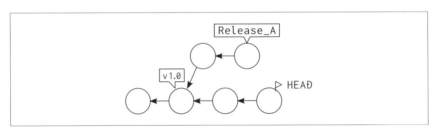

▲図4.1：タグづけの例

　タグはいろいろなgitコマンドに対してコミットを指定するのに使えます。コミットにタグをつけておくと、後でそれをチェックアウトしたり、そのコミットと別のコミットを比較したりするのに便利です。

タグの種類
　Gitには3種類のタグがあります。

軽量タグ
コミットに名前をつけるだけのタグ
注釈つきタグ
タグの名前の他に、日時やコメント、タグをつけた人の情報を持つ

署名つきタグ

注釈つきタグに電子署名をつけたもの（本書では扱いません）

タグとブランチの違い

　HEADもブランチもコミットを指すポインタで、タグも同じくコミットを指すポインタです。ブランチをチェックアウトするのと同じように、タグをチェックアウトでき、そうするとHEADがそのコミットに移ります。ブランチと違うのは、タグをチェックアウトしてもその**タグとHEADは一体化しない**ことです。このため、タグをチェックアウトすると切り離されたHEAD状態になります。そこでコミットしても、タグが動くことはありません。ブランチと違って、タグは一度コミットにつけたらそこから動かないのです。

G 02 軽量タグをつける

コミットに名前を与えるだけのタグが軽量タグです。

軽量タグをコミットにつける

`コマンド`

```
git tag タグ名
git tag タグ名 コミット
git tag
```

git tag〈タグ名〉〈コミット〉とすると、指定したコミットに軽量タグをつけます。〈コミット〉を省略するとHEADにつけます。

タグの名前

タグ名は、ブランチ名（第3章02節）と同じようにつけられます。普通はブランチ同様、英数字の並びか、それをピリオド（.）やマイナス（-）、アンダースコア（_）などで区切ったものにします。よく行なうのは、そのソフトウェアの（対外的な）バージョンを表すタグをつけることです。v1.0やv2.1-rc1などとします。

たとえば図4.2のようなコミットがある状態で、HEADが指すコミットにタグv1.0をつけるには、

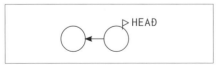

▲図4.2：タグをつける前

次のコマンドを実行します。

```
$ git tag v1.0
```

すると図4.3のような状態になります。

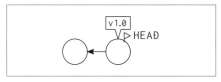

▲図4.3：タグをつけた

タグの一覧を表示する

タグの一覧を表示するには、引数を指定せずに**git tag**コマンドを実行します。

```
$ git tag
v1.0
$
```

タグのついているコミットの情報を見る

軽量タグを git show の引数に与えると、そのタグがついているコミットのハッシュを引数に与えたのと同じように情報が表示されます。

```
$ git show v1.0
commit 14ef581f8f33cf08f8fb4632dd837d86a9de69c6 (HEAD -> master, 
tag: v1.0)
Author: John Doe <johndoe@example.com>
Date:   Wed Feb 3 11:05:47 2021 +0900

    年齢をきいて、それを表示するようにした
```

```
diff --git a/prog.sh b/prog.sh
index 1a24852..e4c168c 100644
--- a/prog.sh
+++ b/prog.sh
@@ -1 +1,4 @@
 #!/bin/sh
+
+echo "Your age? "; read age
+echo "Your age is $age."
$
```

演習

演習1

　新しいプロジェクトmyProject2のためのディレクトリを作り、`git init`してから、以下の内容を持つファイルprog.shを作って、ステージしてコミットしましょう。

▼リスト4.1：prog.sh

```
#!/bin/sh
```

演習2

　次にprog.shに以下のように行を追加して、ステージしてコミットしましょう[1]。

▼リスト4.2：prog.shに行を追加

```
#!/bin/sh

echo "Your age? "; read age
echo "Your age is $age."
```

---

[1] このプログラムはシェルスクリプトです。UNIX環境ではsh prog.shとすると実行できます。

演習3

これをバージョン1.0とするために、このコミットにv1.0という軽量タグを
つけましょう。これで図4.4の状態になります。

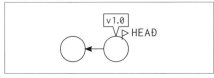

▲図4.4：軽量タグをつけた状態

演習4

タグが正しく生成されたか、git tagコマンドで確認しましょう。

演習5

そのタグをgit showに指定して、HEADの情報が表示されることを確認しま
しょう。

G 03 注釈つきタグをつける

> タグ自体に情報を入れたい場合には、注釈つきタグを使います。

注釈つきタグをコミットにつける

```
git tag -a タグ名
git tag -a タグ名 コミット
```
コマンド

-aオプションをつけてgit tagを実行すると、注釈つきタグがコミットにつきます。

```
$ git tag -a v2.0
```
コマンド

コミットにつけるただの印である軽量タグと違って、注釈つきタグには日時、タグをつけた人、注釈などの情報が入ります。タグをつけるときにエディタが立ち上がるので、注釈を入力します。

▼リスト4.3：タグメッセージ

```
バージョン2.0
#
# Write a message for tag:
#   v2.0
# Lines starting with '#' will be ignored.
```

注釈つきタグの情報を見る

　git showコマンドに引数として注釈つきタグを指定すると、そのタグの情報と、それがついているコミットの情報を表示します。

```
$ git show v2.0
tag v2.0
Tagger: John Doe <johndoe@example.com>
Date:   Wed Feb 3 11:19:04 2021 +0900

バージョン2.0

commit 976fb5af63e479c8a2f7ed2c4cad1e1980519145 (HEAD -> master, ⏎
tag: v2.0)
Author: John Doe <johndoe@example.com>
Date:   Wed Feb 3 11:18:37 2021 +0900

    別れのあいさつを入れた

diff --git a/prog.sh b/prog.sh
index 3acf9ba..5c02f4c 100644
--- a/prog.sh
+++ b/prog.sh
@@ -3,3 +3,6 @@
 echo "Your name? "; read name
 echo "Your age? "; read age
 echo "Your are $name, $age years old."
+
+echo "Bye!"
+exit 0
$
```

　軽量タグをgit showに指定したとき（前節）にはコミットの情報しか表示されませんでしたが、今回は日時や注釈などといったタグ自身が持つ情報も表示されています。

演習

演習1

　prog.shを次のように修正して、ステージし、コミットしましょう。

▼リスト4.4：名前をたずねる

```sh
#!/bin/sh

echo "Your name? "; read name
echo "Your age? "; read age
echo "You are $name, $age years old."
```

演習2

さらにprog.shを次のようにし、ステージしてコミットしましょう。

▼リスト4.5：別れのあいさつを入れる

```sh
#!/bin/sh

echo "Your name? "; read name
echo "Your age? "; read age
echo "You are $name, $age years old."

echo "Bye!"
exit 0
```

演習3

これをバージョン2.0とします。このコミットにv2.0という注釈つきタグを
つけましょう。注釈は「バージョン2.0」とするとよいでしょう。すると図4.5
のような状態になります。

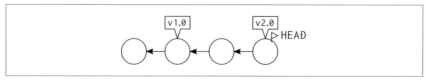

▲図4.5：注釈つきタグをつけた状態

演習4

　git showでこのタグの情報を表示し、注釈などがついていることを確認しましょう。

G 04 タグのついたコミットを取り出す

タグを指定してコミットを取り出すことができます。

タグのついたコミットをチェックアウトする

コマンド

```
git checkout タグ
```

タグはコミットのハッシュの代わりに使えます。 タグを使ってコミットをチェックアウトするには、git checkout〈タグ〉とします。

コマンド

```
$ git checkout v1.0
Note: switching to 'v1.0'.

You are in 'detached HEAD' state. You can look around, make experimental
changes and commit them, and you can discard any commits you make in this
state without impacting any branches by switching back to a branch.

If you want to create a new branch to retain commits you create, you may
do so (now or later) by using -c with the switch command. Example:

  git switch -c <new-branch-name>

Or undo this operation with:

  git switch -

Turn off this advice by setting config variable advice.detachedHead ⏎
to false
```

HEAD is now at 14ef581 年齢をきいて、それを表示するようにした
$

　このように、切り離されたHEAD状態になります（第3章10節）。そうならないようにブランチを作ってそれに切り替えるには、たとえば-bオプションを使って次のようにします。v1fixがブランチ名です。

コマンド

```
$ git checkout -b v1fix v1.0
Switched to a new branch 'v1fix'
$
```

演習

演習1

　バージョン2.0はBye!と表示して終了する機能を持っています。これをバージョン1に取り込むために、タグv1.0がついたコミットを取り出し、そこにブランチv1fixを作ってそちらに切り替えましょう。

演習2

　prog.shを以下のように修正して、v1fixにコミットしましょう。

▼リスト4.6：バージョン1に別れのあいさつを追加

```
#!/bin/sh

echo "Your age? "; read age
echo "Your age is $age."

echo "Bye!"
exit 0
```

演習3

　新しく作られたコミットに**v1.1**という軽量タグをつけましょう。これで図
4.6の状態になります。

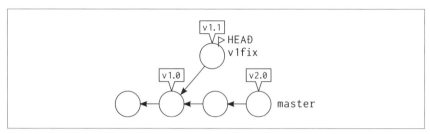

▲図4.6：新しいブランチの先にタグをつけた状態

G05 タグを削除する

タグを削除する方法です。

タグを削除する

```
コマンド
git tag -d タグ
```

タグを削除するには**git tag -d**を使います。軽量タグも注釈つきタグもこのコマンドで削除できます。

```
コマンド
$ git tag -d v2.0
Deleted tag 'v2.0' (was d32702c)
$
```

演習

演習1

masterブランチをチェックアウトし、prog.shを以下のように修正してコミットしましょう。

▼リスト4.7：はじめのあいさつを追加

```
#!/bin/sh

echo "Hello!"

echo "Your name? "; read name
echo "Your age? "; read age
```

```
echo "You are $name, $age years old."

echo "Bye!"
exit 0
```

演習2

　以前にタグv2.0をつけたコミットではなく、いま演習1でコミットしたばかりのもの（HEADが指しているコミット）をバージョン2.0にしたくなったとします。タグv2.0を一旦削除して、いまHEADが指しているコミットに（注釈つきタグとして）タグv2.0をつけましょう。図4.7の状態になります。

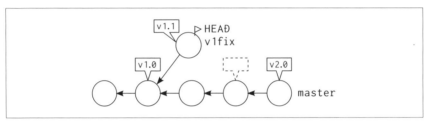

▲図4.7：タグをつけ直した状態

06 タグを引数として使う

タグはコミットを指定する引数として使えます。

タグはコミットを指すので、コマンドでコミットが指定できる引数には基本的にタグが指定できます。たとえば、タグv1.1がついているコミットと、v2.0がついているコミットを比較するのに、

コマンド

```
$ git diff v1.1 v2.0
```

とできます。

演習

演習1

　git diffの引数にタグを指定して、v1.1のコミットとv2.0のコミットを比較してみましょう。

演習2

　同じく、v1.0と、v2.0の2つ前（親の親）を比較してみましょう。

Chapter5

リモートリポジトリ
を使う

この章では、ネットワークの先にリポジトリを置いて使う
方法を説明します。そのようなリポジトリ——リモートリ
ポジトリ——は、ネットワーク上で複数人で共同開発をす
るのに便利です。

G 01 リモートリポジトリ

> リモートリポジトリは、ネットワークの先にあるリポジトリ
> です。

　ネットワークの先に置かれたリポジトリを**リモートリポジトリ**と呼びます。それに対して、手元にあるリポジトリを**ローカルリポジトリ**と呼びます。Gitは分散型のバージョン管理システムで、同じプロジェクトに関するリポジトリをネットワーク上に複数置くこともできます。本章では、この性質を利用して、個人のリポジトリをネットワークの先にリモートリポジトリとして置いて使う方法を説明します。それによってプロジェクトを公開することができます。また、リモートリポジトリはバックアップとしても役に立ちます。

リモートリポジトリを使う手順

　リモートリポジトリを使った作業は、およそ以下の手順で行ないます。

1. 空のリモートリポジトリを作る。
2. ローカルリポジトリの内容をリモートリポジトリに送る。
3. ローカルリポジトリで作業をして内容を更新する。

　そして2と3を繰り返します。内容を送るたびにローカルリポジトリとリモートリポジトリが同じになるので、それによって公開やバックアップができます（図5.1）。

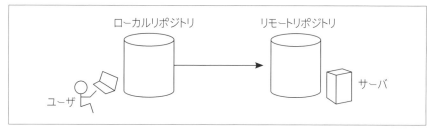

▲図5.1：ローカルリポジトリで作業し、内容をリモートリポジトリに送る

ブランチをプッシュする

　ローカルリポジトリの内容をリモートリポジトリに送るには、ローカルブランチをリモートブランチに**プッシュ**します。**ローカルブランチ**とはローカルリポジトリにあるブランチで、**リモートブランチ**とはリモートリポジトリにあるブランチです。プッシュとは、リモートブランチの先端に、その先端に対応するコミット以降のローカルブランチでのコミット列をつなぐ操作です（図5.2）。

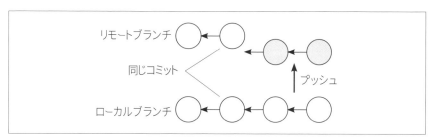

▲図5.2：ブランチのプッシュ

　コミットには、その内容から計算されるハッシュ値がついているのでしたね。同じコミットは、ローカルリポジトリにあっても、リモートリポジトリにあっても、同じハッシュ値を持ちます。そのため、リモートブランチの先端のコミットが、ローカルリポジトリでどれに対応するかがすぐに分かります。

　ローカルブランチでコミットを繰り返してブランチを伸ばし、適当なときにそのローカルブランチを対応するリモートブランチにプッシュします。これによってローカルリポジトリとリモートリポジトリを同じ内容に保つことができます。

G02 リポジトリを置くサーバを
用意する

リポジトリを置くサーバとしてGitHubを使います。

リポジトリのホスティングサービス

　Gitのリポジトリを置くサーバとしては、Gitが動作してリモートログインや
ウェブアクセスを受けつけられれば何でもよいのですが、リポジトリを置ける
商用のホスティングサービスを利用するのが簡単です。そのようなサービスは
数多くありますが、本書ではその中でもよく使われている**GitHub**（ギットハ
ブ）を利用します。

▶ **注 意**

本書では執筆時点（2021年1月）でのGitHubを例に説明しま
す。画面や操作法、無料や有料のプランにおける制限などは、読
者が利用する時点では変わっている可能性があります。

GitHubへの登録

　GitHubのトップページ URL https://github.com/へ行くと、右上のほうに
「Sign up」というボタンがあるのでそれを押します（図5.3）。

▲図5.3：Sign upボタンを押す

すると登録するユーザ情報を入力する画面になります（図5.4）。

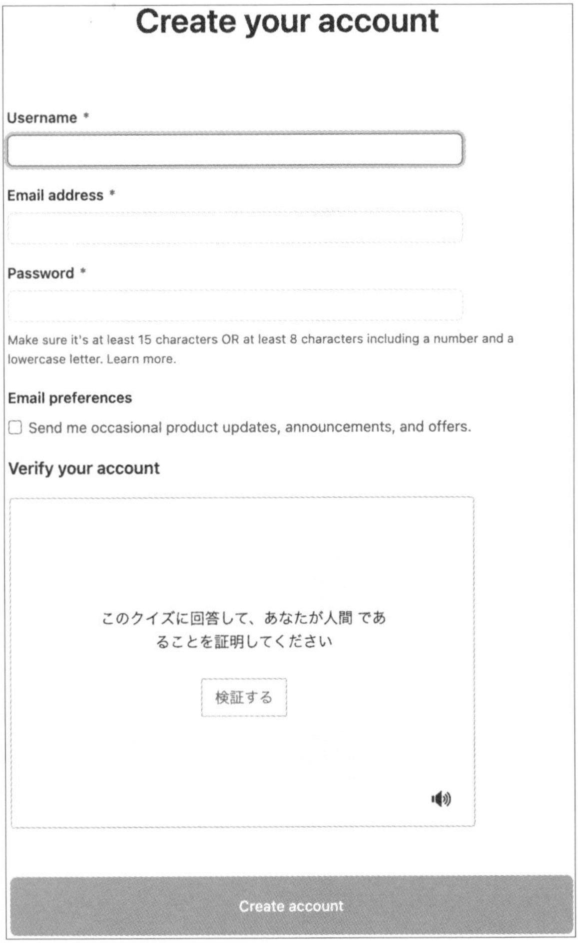

Create your account

Username *

Email address *

Password *

Make sure it's at least 15 characters OR at least 8 characters including a number and a
lowercase letter. Learn more.

Email preferences

☐ Send me occasional product updates, announcements, and offers.

Verify your account

このクイズに回答して、あなたが人間 であ
ることを証明してください

検証する

🔊

Create account

▲図5.4：登録のための情報を入力する

　好みのユーザ名、メールアドレス、パスワードを入力し、必要であればメール設定や「ロボットでない」確認の入力をして「Create account」を押すと登録できます。

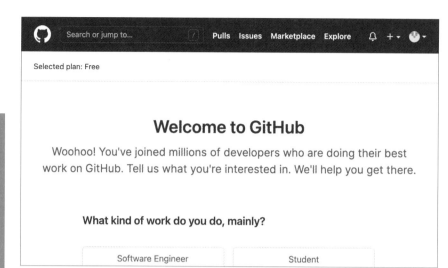

▲図5.5：登録完了画面

　アドレスを確認するメールが届くので、指示に従ってリンクをクリックします。

▶注 意

GitHubは商用サービスですが、無料プランのアカウントを1つ作れます。図5.5の左上に「Selected plan: Free」と表示されているのが、無料プランで登録されたことを示しています。

演習

演習1

　GitHubのトップページ**URL** https://github.com/ にアクセスして、GitHubに登録しましょう。

03 リモートリポジトリを準備する

GitHubにリポジトリを作成します。

リポジトリを作成する

`コマンド`

```
git init --bare ディレクトリ名
```

　GitHubにはリポジトリがいくつでも作れます。新しくリポジトリを作るには、まず右上にある「＋」を押して出るドロップダウンメニューで「New repository」をクリックします（図5.6）。

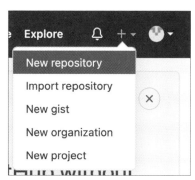

▲図5.6：ドロップダウンメニューからNew repositoryを選ぶ

　するとリポジトリ名などを入力する画面になります。必要な項目を入力しましょう（図5.7）。

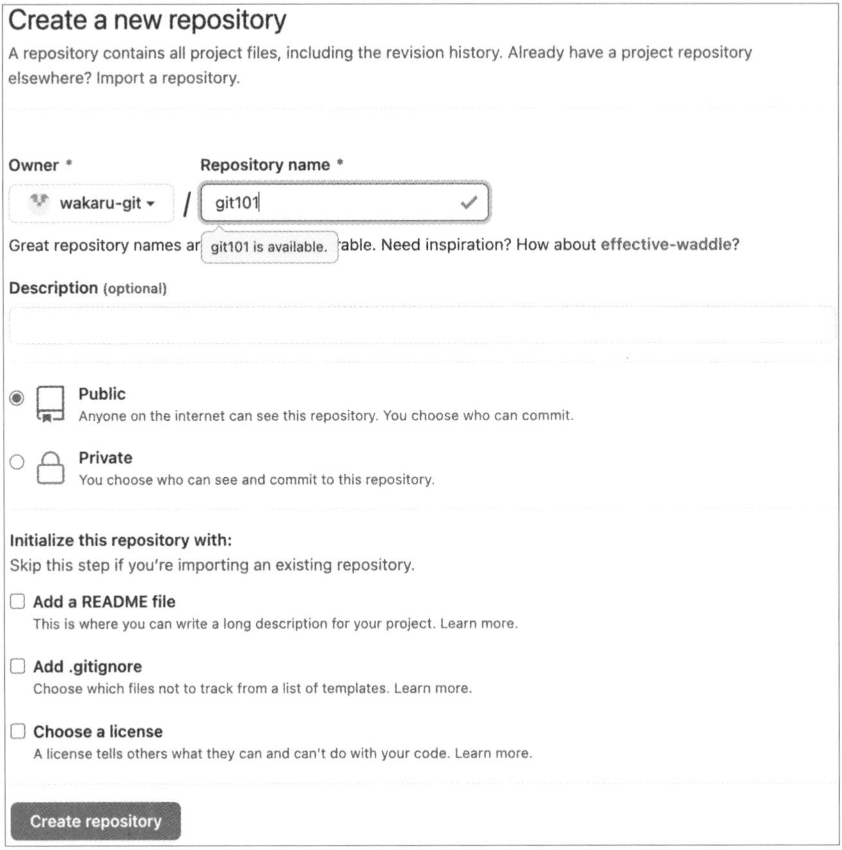

Create a new repository

A repository contains all project files, including the revision history. Already have a project repository elsewhere? Import a repository.

Owner *　　　　　　　　Repository name *

🐾 wakaru-git ▾　/　git101　　　　　　　　　✓

Great repository names ar~~git101 is available.~~able. Need inspiration? How about **effective-waddle**?

Description (optional)

◉ 🔳 **Public**
Anyone on the internet can see this repository. You choose who can commit.

○ 🔒 **Private**
You choose who can see and commit to this repository.

Initialize this repository with:
Skip this step if you're importing an existing repository.

☐ **Add a README file**
This is where you can write a long description for your project. Learn more.

☐ **Add .gitignore**
Choose which files not to track from a list of templates. Learn more.

☐ **Choose a license**
A license tells others what they can and can't do with your code. Learn more.

Create repository

▲図5.7：新しく作るリポジトリの情報を入力

　この例で「wakaru-git」となっているところにあなたのユーザ名が表示されるはずです。リポジトリ名はgit101にしました。Publicを選んでいるので公開リポジトリになります。他人に見せたくない場合にはPrivateを選びます。

　入力後、「Create repository」ボタンを押すとリモートリポジトリが作られます（図5.8）。

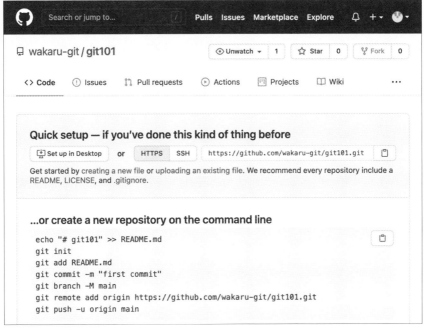

▲図5.8：リポジトリができ、コードを追加する画面になった

裸のリポジトリ

　このとき、リモートリポジトリとしてできるリポジトリは**裸のリポジトリ**（bare repository）と呼ばれる種類のものです。裸のリポジトリとは、**作業ツリーとステージを持たない**、文字通り「リポジトリのみ」のディレクトリです。普通の（作業ツリーなどと組になった）リポジトリは.gitという名前のディレクトリに作られますが、裸のリポジトリは慣習的に「〇〇.git」（たとえばgit101.git）という名前のディレクトリ以下のデータ構造として作られます※1。

　裸のリポジトリを作るには`git init --bare`〈ディレクトリ名〉というコマンドを実行します。自分でローカルに裸のリポジトリを作るにはこのコマンドを使います。GitHubなど、リポジトリのホスティングサービスを利用する場合には、たいていGUI操作でリポジトリを作るので、このコマンドを自分で使う必要はありません。

※1　GitHubでは、指定したリポジトリ名に.gitをつけたURLを持つ裸のリポジトリが作られます。

裸のリポジトリは作業ツリーを持たないので、そのデータを作業ツリー内で変更したり、作業ツリーにチェックアウトしたりすることはできません。裸のリポジトリの内容の変更は、もっぱら他のリポジトリとデータをやりとりすることによって行なわれます（図5.9）。

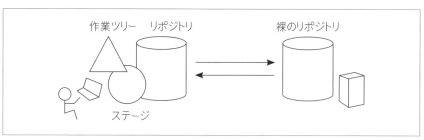

▲図5.9：リモートにある裸のリポジトリの操作

ダッシュボードページ

GitHubを使っていて自分がどこにいるか分からなくなったときには、画面左上にあるアイコン（ネコかタコのようなもののシルエット）をクリックすると、「ダッシュボード」ページに行くことができます（図5.10）。

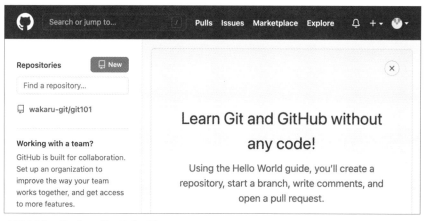

▲図5.10：ダッシュボードページ

ダッシュボードからは、リポジトリを作成したり、リポジトリの一覧を見たりできます。GitHubでの活動の拠点となるページです。

演習

演習1

　本文に示した方法で、GitHubにgit101という名前のリポジトリを作りましょう。ダッシュボードに行き、左上のほうにいま作ったリポジトリが「自分のユーザ名/git101」と表示されているのを確認しましょう。

演習2

　ローカルリポジトリを作りましょう。git101という名前の空のディレクトリを作り、そこでgit initします。まだその中にファイルは作らなくてよいです。

04 リモートリポジトリを 上流リポジトリとする

リモートリポジトリを手元にあるローカルリポジトリに対応づけて、そのローカルリポジトリの「上流リポジトリ」にします。

リモートを追加する

```
コマンド
git remote add リモート名 リポジトリのURL
git remote -v
```

リポジトリはURLで表現されます。たとえば以下のようなものです。

- https://github.com/.../git101.git
- ssh://git@github.com/.../git101.git ※2

どのようなURLになるかは、リポジトリが置かれたサーバの構成やサービスによって違います。

リモートリポジトリとやりとりするとき、こういうURLをいちいち入力せずにすむように、リモートリポジトリに名前をつけることができます。そのためのコマンドが**git remote add**です。

```
コマンド
$ git remote add origin https://github.com/ユーザ名/git101.git
```

※2 これはgit@github.com:.../git101.git と省略されることもあります。

（「ユーザ名」のところはGitHubにおけるあなたのユーザ名になります。）こうすると、長いURLで表されるリモートリポジトリを、originという短い名前で参照できます。名前がつけられたリモートリポジトリを、Gitでは単に**リモート**と呼びます。git remoteはリモートに関する設定をするコマンドで、add以外にもいくつものサブコマンドを持ちます。

　リモート名としては好きな名前がつけられます。ここでつけたoriginという名前は、慣習的に**上流のリポジトリ**を表します。あるリポジトリの上流リポジトリとは、そのリポジトリが作られた元となったリポジトリのことです。英語でoriginは源という意味を持ちます。この慣習は、変更を最終的に反映するブランチが慣習的にmasterという名前なのと同様のものです。デフォルト（無指定時）のリモート、といってもいいでしょう。Gitでは普通、ローカルリポジトリとその上流リポジトリとの間で頻繁にデータをやりとりします。

　リモートが正しく登録できたかは、**git remote -v**で確認できます。

コマンド
```
$ git remote -v
origin https://github.com/ユーザ名/git101.git (fetch)
origin https://github.com/ユーザ名/git101.git (push)
$
```

　このように表示されれば大丈夫です。

演習

演習1

　ローカルリポジトリでリモートの設定をしましょう。リポジトリを作った状態のGitHubの画面の「Quick Start」のところにリモートのURLがあります（図5.11、wakaru-gitとなっているところにはあなたのユーザ名が入っているはずです）。

| **or** | **HTTPS** | **SSH** | https://github.com/wakaru-git/git101.git | 📋 |

▲図5.11：GitHubのページからリモートのURLを得る

　URLの左にはプロトコルを選択するボタンがあります。HTTPSを選ぶとよいでしょう。URLの右にあるクリップボードのアイコンをクリックすると、URLがコピーされます。そのURLを、ローカルリポジトリのリモートoriginとして追加しましょう。ヒント：画面のもう少し下のほうに、そのためのgit remote addのコマンドが書いてあります。

演習2

　リモートが正しく設定されたかgit remote -vで確認しましょう。

ローカルリポジトリで作成したコミットをリモートリポジトリに送ります。

ブランチをプッシュする

コマンド

```
git push リモート ブランチ名
git branch -r
```

　リモートリポジトリにデータを送るには、**ブランチをプッシュ**します。ブランチをプッシュするコマンドは**git push**です。このコマンドは、指定したローカルブランチのコミット列をリモートに送り、対応するリモートブランチに継ぎ足します。リモートリポジトリが空のときは、送られたコミット列でリモートブランチを作ります。

　いま、リモートoriginのリポジトリが空で、ローカルリポジトリには2つのコミットを持つmasterブランチがあるとします。この状態でgit push origin masterとし、GitHubに登録したパスワードを打つと、

コマンド

```
$ git push origin master
Username for 'https://github.com': あなたのユーザ名
Password for 'https://あなたのユーザ名@github.com': GitHub に登録したパスワード
Enumerating objects: 6, done.
Counting objects: 100% (6/6), done.
Delta compression using up to 16 threads
Compressing objects: 100% (3/3), done.
Writing objects: 100% (6/6), 583 bytes | 583.00 KiB/s, done.
Total 6 (delta 0), reused 0 (delta 0), pack-reused 0
To https://github.com/あなたのユーザ名/git101.git
 * [new branch]      master -> master
$
```

リモートリポジトリにmasterブランチができます（図5.12）。

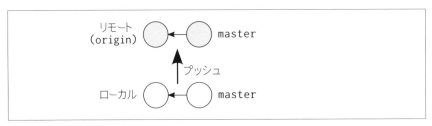

▲図5.12：初回のプッシュ

さらにローカルリポジトリでmasterブランチに2回コミットします（図5.13）。

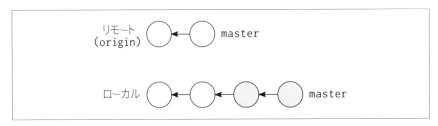

▲図5.13：ローカルでmasterを伸ばす

そして再びgit push origin masterすると、図5.14のようになります[3]。

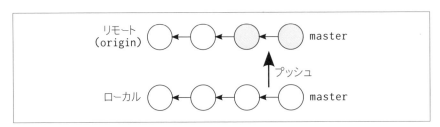

▲図5.14：ローカルの変更をリモートに反映

このようにして、ローカルの変更をリモートに随時送ることができます。

※3　あなたのローカルな環境によっては、git pushで一度入力したパスワードを次回から自動的に使ってくれるかもしれません。その場合にはユーザ名やパスワードはきかれません。

ユーザ認証方法について

基本的な動作を説明するために、プッシュ時のユーザ認証方法として、ここではユーザ名とGitHubのパスワードを使いましたが、現在このようなコマンドでの操作でGitHubのパスワードを使うのは安全性のため非推奨になっています。その代わり、個人アクセストークン（personal access token、PAT）という文字列を設定ページで生成して、それをパスワードとして入力する方法が推奨されています。

設定ページは、画面右上のユーザアイコン（初期設定でドット絵的なもの）からSettings > Developer settings > Personal access tokens で行けます。

以上はHTTPSというプロトコルでのプッシュについてです。リモートのURLとしてはその他にSSHというプロトコルを指定することもできます。

演習

演習1

　ローカルリポジトリでREADME.mdというファイル[4]を以下のような内容で作ってコミットし、

▼リスト5.1：README.mdを作る

```
# GitHub 最初のプロジェクト
```

それを以下のように変更してさらにコミットすることで、

▼リスト5.2：README.mdに行を追加

```
# GitHub 最初のプロジェクト

こんにちは、GitHub！
```

masterに2つのコミットを作りましょう。

演習2

　ローカルのmasterブランチをリモートoriginにプッシュしましょう。

※4　マークダウン（Markdown）という形式のテキストファイルです。

06 リモートリポジトリの状態を知る

GitHubの画面でリモートリポジトリの状態を見る方法です。

リポジトリのメインページ

GitHubに置いたリモートリポジトリに関する情報は、各リポジトリのメインページで見ることができます。リポジトリのメインページに行くには、ダッシュボード左上にあるRepositories欄で、見たいリポジトリ名をクリックします。すると図5.15のような表示になります。

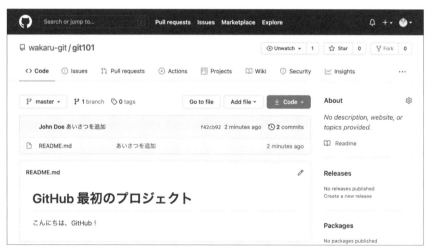

▲図5.15：リポジトリのメインページ

上のほうにあるCodeというタブが、リポジトリの内容を見るためのものです。Issuesから右にあるのは主に共同作業のために便利な機能です（本書では

扱いません）。

　Codeタブの下のプルダウンメニューにコミットID（ここではmaster）が示されています。ブランチ名は1つのコミットを指すことを思い出して下さい。現在この画面には、masterが指しているコミットの内容が表示されています。このコミットにはREADME.mdというファイルただ1つが入っています。ファイル名をクリックするとその中身を見ることができます。

　そのコミットのツリーのトップにREADME.mdやREADME.txtなどという名前のファイルがあると、図5.15のようにその内容が表示されます。プロジェクトの概要などを書いておくと便利です。

　コミットIDの右のほうに、ダウンロードの印（下向き矢印のアイコン）と「Code」と書かれたボタンがあります。このプルダウンメニューから、このリポジトリのURLを得ることができます（図5.16）。

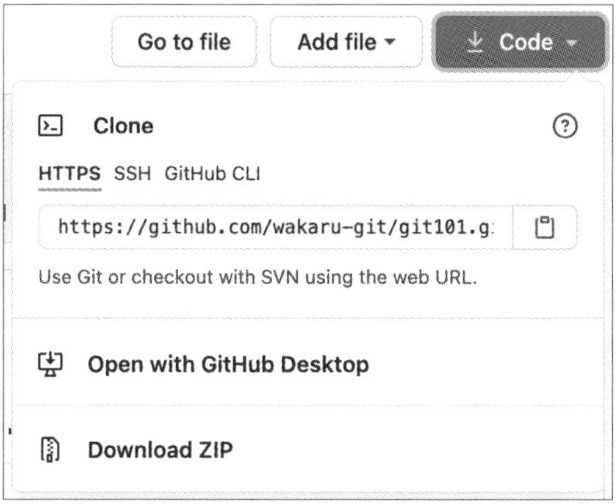

| Go to file | Add file ▾ | ⬇ Code ▾ |

▶_ **Clone** ⑦

HTTPS SSH GitHub CLI

https://github.com/wakaru-git/git101.g⋮ 📋

Use Git or checkout with SVN using the web URL.

🖵 **Open with GitHub Desktop**

🗂 **Download ZIP**

▲図5.16：リポジトリのURLを取得する

　プロトコル（HTTPSなど）を選び、表示されたURLの右にあるクリップボードのアイコンをクリックすると、URLがコピーされます。

コミットの履歴を見る

　コミットの履歴を見るには、逆回転している時計のアイコンの後に「○○commits」と書いてあるところをクリックします（図5.17）。

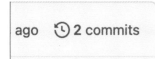

▲図5.17：コミットの履歴を表示するリンク

　すると図5.18のように、`git log --oneline`の出力と同様の情報が表示されます。

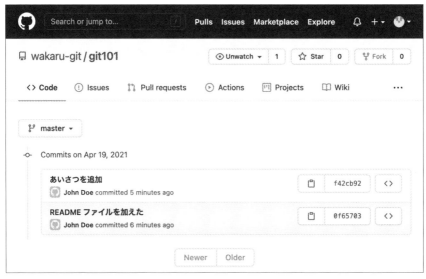

▲図5.18：コミットの履歴が表示される

演習

演習1

　git101リポジトリのメインページから履歴を表示するリンクをクリックして履歴を表示させ、いままでプッシュしたコミットがあることを確認しましょう。

演習2

　その画面で、それぞれのコミットのコミットメッセージ（または右のほうにあるハッシュ）をクリックすると、`git show`でコミットを指定したのと同様の情報が表示されます。やってみましょう。

07 リモートブランチの状態を知る

リモートリポジトリにあるブランチの場所を示すのがリモート追跡ブランチです。

リモート追跡ブランチの情報を見る

`コマンド`

```
git branch -r
git branch -r -v
git branch -a
```

　リモートリポジトリを使った開発では、適当なタイミングでローカルブランチをリモートにプッシュして、リモートリポジトリを更新します。そしてこれを繰り返します。そのためたいていローカルブランチは、同じ名前のリモートブランチよりも伸びている（つまり開発が進んでいる）状態になります（図5.19）。

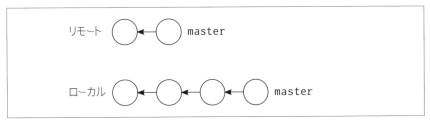

▲図5.19：リモートブランチとローカルブランチの進度が違う状態

　こうなると、リモートの状態とローカルの状態の差が見たくなります。あるいは、最後にそのブランチをプッシュしてからどれだけコミットしたかを知り

たくなります。こんなときに便利なのが**リモート追跡ブランチ**（remote-tracking branch）です。

リモート追跡ブランチ

　リモート追跡ブランチは、**リモートブランチの位置を記憶する特殊なローカルブランチ**です。ローカルブランチmasterをリモートoriginにプッシュすると、リモートリポジトリにmasterブランチができます。それと同時に、ローカルリポジトリの、リモートのmasterと同じ場所にorigin/masterという名前※5のリモート追跡ブランチが作られます（図5.20）。

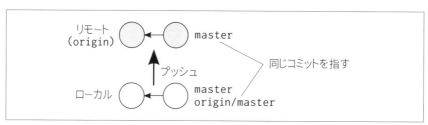

▲図5.20：リモート追跡ブランチの生成

　ローカルで開発を続け、ローカルのmasterにコミットすると、masterブランチは進みますが、リモート追跡ブランチorigin/masterは進みません（図5.21）。

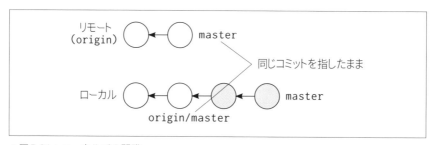

▲図5.21：ローカルでの開発

※5　正式名称はrefs/remotes/origin/masterですが、origin/masterと書けばGitは理解してくれます。ちなみにmasterの正式名称も長く、refs/heads/masterです。

この状態で、リモートブランチmasterとローカルのリモート追跡ブランチorigin/masterが同じコミットを指していることが分かりますね。

次にmasterをプッシュすると、リモートのmasterが進むと同時に、ローカルのorigin/masterが更新されます（図5.22）。

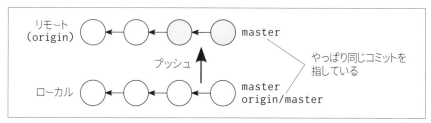

▲図5.22：プッシュによるリモート追跡ブランチの更新

たとえるなら、リモートブランチがローカルブランチに落とす影がリモート追跡ブランチといえるでしょう。

このプッシュ時のように、リモートブランチの最新の状態にアクセスできるときに**リモート追跡ブランチは更新されます**※6。

リモート追跡ブランチの一覧を見る

リモート追跡ブランチの一覧を見るには**git branch -r**を使います。

```
$ git branch -r
  origin/master
$
```

それぞれが指しているコミットの情報も表示するなら**-v**オプションをつけます。

```
$ git branch -r -v
  origin/master 1892ebd あいさつを追加
$
```

※6　他には、フェッチ時などにリモート追跡ブランチが更新されます（本章09節）。

普通のブランチも含めたすべてのブランチを見るには git branch -a とします。なお、リモート追跡ブランチは gitk --all のウィンドウにも表示されます。

リモート追跡ブランチにはコミットできない

リモート追跡ブランチの役割は、リモートブランチの位置を覚えておくことです。そのため、リモート追跡ブランチにローカルで**コミットして伸ばすことはできない**ようになっています。リモート追跡ブランチをチェックアウトしても、HEADと一体化せず、切り離されたHEAD状態になります。

ローカルとリモートの間の差を見る

リモートブランチmasterの最後のコミットと、ローカルブランチmasterの最新のコミットの差は、次のコマンドで見ることができます。

コマンド

```
$ git diff origin/master master
```

このコマンドは、リモートリポジトリを見に行くのでなく、ローカルリポジトリにあるコミットを使うことに注意しましょう。

最後のプッシュ以降の変更履歴を見る

ローカルブランチmasterを最後にoriginにプッシュしてから、それ以降にmasterで行なった変更の履歴は、次のコマンドで見られます。

コマンド

```
$ git log origin/master..master
```

A..BはコミットAより後でBまでの範囲を表す指定です。

演習

演習1

git branch -r を使ってリモート追跡ブランチを見てみましょう。

演習2

gitk --allでも見てみましょう。

演習3

ローカルのmasterに2回コミットしてブランチを進めてリモートのmasterと違う状態にし、gitk --allなどで各ブランチの位置を見てみましょう。

演習4

ローカルのmasterの先端と、リモートのmasterの先端の差を、git diffで見てみましょう。

G 08 リモートリポジトリを 手元にコピーする

リモートリポジトリをコピーしてローカルリポジトリを作る方法です。

リポジトリをクローンする

コマンド

```
git clone リモートリポジトリのURL
git clone リモートリポジトリのURL ディレクトリ名
```

前節までで、リモートリポジトリを作り、更新するやり方が分かったと思います。そのリモートリポジトリを公開すれば、他の人が使えるようになります。今度はそのやり方を見てみましょう。立場を入れ替えたほうが分かりやすいので、他の人が公開したリポジトリを自分が使うやり方を説明します。

他人の（リモート）リポジトリから自分のローカルのマシンにコミットをチェックアウトするという使い方も考えられますが、Gitではそのようにはしません。Gitは分散バージョン管理システムなので、この場合でも**リポジトリの複製を作ります**。他人のリポジトリを、自分のマシンにコピーするのです。リポジトリの複製を作ることを、リポジトリを**クローンする**（clone）といいます（図5.23）。

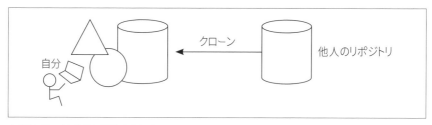

▲図5.23：リポジトリのクローン

クローンしたリポジトリは自分のものになるので、これまで説明した方法で
好きなコミットをチェックアウトして使うことができます。

リポジトリをクローンするには**git clone**コマンドを使います。次のように
git cloneコマンドにリモートリポジトリのURLを指定すると、そのコピーが
git101というディレクトリとしてローカルに作られます。

コマンド

```
$ git clone https://github.com/wakaru-git/git101.git
Cloning into 'git101'...
remote: Enumerating objects: 6, done.
remote: Counting objects: 100% (6/6), done.
remote: Compressing objects: 100% (3/3), done.
remote: Total 6 (delta 0), reused 6 (delta 0), pack-reused 0
Receiving objects: 100% (6/6), done.
$
```

https://github.com/wakaru-git/git101.gitというのが元のリポジトリの
URLです。ここでは仮に、wakaru-gitというユーザがgit101という名前のリポ
ジトリをGitHubに持っているとし、それをクローンしました。GitHubにある
リポジトリのURLは、そのリポジトリのメインページから取得できます（本章
06節）。

コピー元が裸のリポジトリでも、このディレクトリは普通の作業ツリーにな
ります[7]。作業ツリーには、コピー元における「現在のブランチ」がチェックア
ウトされます。

※7　裸のリポジトリとしてクローンしたい場合には--bareオプションをつけます。

違うディレクトリ名にしてコピーしたい場合には、ディレクトリ名を指定します。次のようにすると、git102というディレクトリにクローンされます。

```
$ git clone https://github.com/wakaru-git/git101.git git102
```

リモートoriginの自動設定

リモートリポジトリをクローンしてローカルにリポジトリを作ると、リモートリポジトリはoriginという名前のリモートとしてローカルリポジトリから参照できるようになります。つまり、リモートリポジトリを上流リポジトリにする設定git remote add（本章04節）を自動的にやってくれます。

自分のリモートリポジトリをクローンする

他人のリポジトリでなく、自分のリモートリポジトリを、別のマシンにクローンすることも有用です。このやり方は、サーバのためのソフトウェアをノートPCで開発し、それをリモートリポジトリに置いた後、動作させるサーバにそのソフトウェアを配置する場合などに使えます（図5.24）。

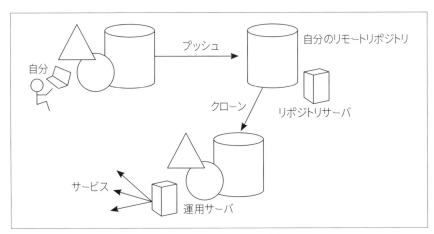

▲図5.24：サーバへのソフトウェア配置をクローンで行なう

また、自分が2か所で開発をする場合にも、この方法が使えます。たとえば家ではデスクトップPCで開発し、外ではノートPCで開発する、というようなやり方が可能です（図5.25）。

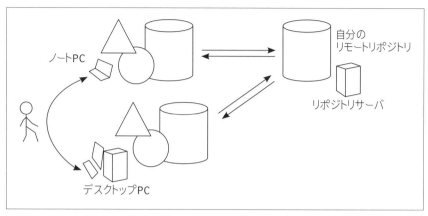

▲図5.25：自分が移動する場合の利用

演習

演習1

　前節までで作ったリモートリポジトリを、ローカルにgit102という名前でクローンしましょう。これで、前節までで使っていたローカルリポジトリ（ディレクトリ名git101）と、新しくクローンによって作られたローカルリポジトリ（ディレクトリ名git102）の2つが手元にあることになるはずです。

リモートリポジトリにあるコミットをローカルリポジトリに
取得する方法です。

ブランチをフェッチする

コマンド

git fetch リモート リモートブランチ

　Aさんが公開しているリポジトリをあなたがクローンして、ローカルに持っ
てきたとします。その時点では、あなたのローカルリポジトリの内容は、Aさ
んのリポジトリの内容と同じです。

　その後、Aさんが開発を続けて、新しい内容をリポジトリにプッシュすると、
その内容があなたのリポジトリの内容と違う状態になります。こうなるとあな
たは、Aさんがプッシュした新しい内容をローカルに持ってきたくなるでしょ
う。そのための操作が、ブランチの**フェッチ**です。ブランチのフェッチは、ブ
ランチの**プッシュの逆の操作**です。リモートリポジトリの指定したブランチ
を、ローカルリポジトリの対応するブランチの先に継ぎ足します。

　フェッチのためのコマンドは**git fetch**です。リモートoriginにあるブランチ
をフェッチするには**git fetch origin**〈リモートブランチ〉とします※8。

　いま、リモートoriginのリポジトリとローカルリポジトリの内容が図5.26の
ようになっているとします。

※8　git fetchはこの他に、リモートのすべてのブランチをフェッチしたり、タグをフェッチしたり
　　もできます。

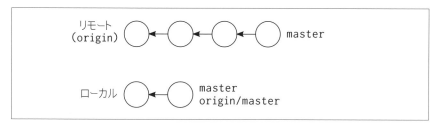

▲図5.26：リモートがローカルより進んでいる状態

　リモートのmasterとローカルのリモート追跡ブランチorigin/masterが指すコミットが違うのは、最後にリモート追跡ブランチを更新した後でリモートのmasterに（Aさんによって）コミットが追加されたためです。ここで次のようにgit fetch origin masterを実行すると、

```
$ git fetch origin master
[略]
From https://github.com/wakaru-git/git101
 * branch            master      -> FETCH_HEAD
   1892ebd..2b77f35  master      -> origin/master
$
```

図5.27のようにローカルにコミット列が追加され、リモート追跡ブランチが更新されてリモートブランチと同じ場所を指すようになります。

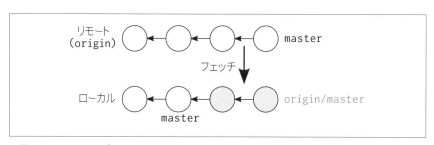

▲図5.27：originのブランチをフェッチする

　ローカルのmasterの位置は変わらないことに注意しましょう。

演習

演習1

　git101ディレクトリを使ってコミットを2つほどmasterに追加し、master ブランチをリモートoriginにプッシュしましょう。正しくプッシュできたか、GitHubでコミット履歴を見て確認しましょう。

演習2

　git102ディレクトリに移り、リモートoriginからブランチmasterをフェッチしましょう。正しくフェッチできたか、gitk --all または git log --allで確認しましょう。

G 10 リモートの更新を ローカルブランチに反映する

ローカルブランチの位置をリモートブランチの位置に合わせる操作です。

リモート追跡ブランチをローカルブランチに早送りマージする

`コマンド`

```
git checkout ローカルブランチ
git merge --ff-only リモート追跡ブランチ
```

　前節のようにリモートブランチをフェッチしてリモートの更新を取り込むと、リモート追跡ブランチ（たとえばorigin/master）がリモートブランチ（master）に対応した位置に移動します（図5.28）。

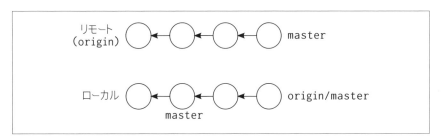

▲図5.28：フェッチの直後

　ここでリモート追跡ブランチorigin/masterをチェックアウトすれば、リモートの最新のデータを使うことができます。しかし、切り離されたHEAD状態になりますし、ローカルブランチmasterの位置は以前のままで妙な感じです。
　リモートリポジトリとローカルリポジトリを同じ状態にするには、やはり

ローカルのmasterとリモートのmasterが同じ位置にあってほしいものです。そのためには、**リモート追跡ブランチorigin/masterをローカルブランチmasterに早送りマージ**します（図5.29）。

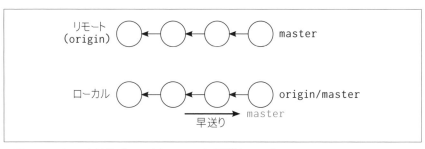

▲図5.29：リモート追跡ブランチをmasterに早送りマージ

まずmasterをチェックアウトし、

```
$ git checkout master
```

そして次のコマンドを実行します。

```
$ git merge --ff-only origin/master
Updating 1892ebd..2b77f35
Fast-forward
 README.md | 2 ++
 hello.txt | 1 +
 2 files changed, 3 insertions(+)
 create mode 100644 hello.txt
$
```

オプション**--ff-only**は、早送りマージだけをせよという指定です。もし早送りができなければエラーになります。このオプションをつければ、誤って別のリモート追跡ブランチをマージしてしまう失敗を、ある程度避けることができます。

以上のように、随時更新されるリモートリポジトリを追いかける手順は次の

ようになります。

1. リモートリポジトリをクローンしてローカルリポジトリを作る。
2. その内容を使う。
3. 適当なときに、リモートからブランチをフェッチする。
4. リモート追跡ブランチを早送りマージする。
5. 2に戻る。

次の節ではもっと簡単な手順を説明します。

演習

演習1

　前節の演習でフェッチした結果を、ローカルブランチmasterに早送りマージしましょう。正しくマージできたかgitk --allあるいはgit logで確認し、またGitHubのコミット履歴画面とも比べましょう。

G 11 リモートの更新でローカルブランチを直接更新する

リモートブランチの状態をいきなりローカルブランチに
反映する方法です。

リモートブランチをプルする

コマンド

```
git pull リモート リモートブランチ
```

　前節と前々節で、リモートの更新をローカルブランチに反映するのに、まず
フェッチして、次に早送りマージをしました。これを一度にやる方法がありま
す。それがブランチの**プル**（pull）です。ブランチのプルとは、フェッチして
からマージするという操作をひとまとめにしたものです。リモートの変更を単
に追いかける場合には、プルを使ったほうが便利です。

　git pullコマンドは、現在のブランチをリモートブランチで更新します。リ
モートoriginにあるブランチXで、ローカルブランチYを更新したいなら、

コマンド

```
$ git checkout Y
$ git pull origin X
```

とします。たとえばリモートのmasterでローカルのmasterを更新したい場合
には以下のようになります。

コマンド

```
$ git checkout master
$ git pull origin master
```

リモートリポジトリの追いかけ方

プルを使うと、リモートリポジトリを追いかける手順は次のようになります。

1. リモートリポジトリをクローンしてローカルリポジトリを作る。
2. その内容を使う。
3. 適当なときに、リモートからブランチをプルする。
4. 2に戻る。

演習

演習1

git101ディレクトリでmasterブランチに何度かコミットし、リモートリポジトリにmasterブランチをプッシュしましょう。

演習2

git102ディレクトリでmasterブランチをチェックアウトした状態でgit pull origin masterを実行しましょう。更新が取得できたか確認しましょう。

G 12 リモートブランチとローカルブランチを対応づける

リモートブランチをローカルブランチの「上流」として
指定する方法です。

ローカルブランチの上流ブランチを設定する

コマンド

git branch -u リモート追跡ブランチ

　上流リポジトリがよく更新される場合、上流リポジトリのブランチからプル
する操作をよく行ないます。その都度、git pullの引数としてリモートやリ
モートブランチ名を指定するのは面倒です。それらを省略できる機能がありま
す。ローカルブランチの**上流ブランチ**を設定する機能です。

　あるローカルブランチの上流ブランチとは、上流リポジトリにあって、その
ローカルブランチに対応するリモートブランチのことです。普通、上流ブラン
チに変更があるたびに、その変更をローカルブランチに取り込みます。また逆
に、ローカルブランチで行なった変更を上流ブランチに反映します。

　masterブランチがチェックアウトされているとき、そのブランチの上流ブ
ランチを設定するには以下のようにします。

コマンド

```
$ git branch -u origin/master
Branch 'master' set up to track remote branch 'master' from 'origin'.
$
```

　このように上流ブランチを表すリモート追跡ブランチ（ここではorigin/
master）を指定することで、ローカルブランチmasterの上流ブランチが（リ

モート追跡ブランチを通じて間接的に）上流リポジトリにあるリモートブランチmasterになります。この設定をすると、`git pull`に引数が不要になり、上流ブランチの更新は次のコマンドで取り込めるようになります。

```
$ git checkout master
$ git pull
```

いわば、ローカルブランチmasterが、リモートブランチmasterを**追跡している**状態です。

プッシュ時に上流ブランチを設定する

git push -u リモート ローカルブランチ

あるローカルブランチをリモートにプッシュしてリモートブランチを更新する操作は、リモートブランチがそのローカルブランチの上流ブランチである場合、あるいは上流ブランチにしたい場合によく行ないます。`git push`には、プッシュすると同時にプッシュした先を上流ブランチにするオプション-uがあります。

```
$ git push -u origin master
[略]
To https://github.com/wakaru-git/git101.git
   2b77f35..e03b878  master -> master
Branch 'master' set up to track remote branch 'master' from 'origin'.
$
```

履歴がプッシュされると同時に、リモートoriginにあるブランチmasterが、ローカルブランチmasterの上流ブランチになります。先ほどの`git branch -u`の場合と同じメッセージが出ています。

ブランチのチェックアウト時に上流ブランチを設定する

コマンド

git checkout -b ローカルブランチ名 リモート追跡ブランチ

　リモートリポジトリをクローンしてくると、リモートにあるすべてのブランチに対応するリモート追跡ブランチができ、さらにリモートにおける現在のブランチ（ここではmasterとします）がチェックアウトされて同時にそこに同じ名前のローカルブランチmasterが作られ、自動的にローカルのmasterがリモートのmasterを追跡する設定が行なわれます※9。

　それに対してmaster以外のリモートブランチについては、リモート追跡ブランチはできますが、ローカルブランチは作られません。そのようなリモートブランチを使う場合には、対応するローカルブランチを作ると同時に、上流ブランチの設定をすると便利です。そのためには次のようにします。

コマンド

$ git checkout -b serverfix origin/serverfix

　このコマンドは以下のことを同時に行ないます。

- リモート追跡ブランチorigin/serverfixが指すコミットをチェックアウトする。
- そこにローカルブランチserverfixを作り、そのブランチに切り換える。
- origin/serverfixをこのブランチserverfixの上流ブランチとする。

　つまりgit checkout -bは、チェックアウトする対象がリモート追跡ブランチの場合、新しく作ったブランチの上流ブランチとしてそのリモート追跡ブランチ（が指すリモートにあるブランチ）を自動的に設定します。

　また、同じことは次の簡単なコマンドでもできます（存在しないブランチ名が指定されたことから、Gitが推測してくれます）。

※9　このため、クローン時にチェックアウトされたブランチについては、上流ブランチの設定をあらためてする必要はありません。

```
$ git checkout serverfix
```

上流ブランチが設定されている場合のプル

```
git pull
```

　これまで説明した方法で、あるローカルブランチの上流ブランチが設定され
ていると、そのローカルブランチをチェックアウトしてgit pullとするだけで
上流ブランチの変更を取り込めます。

設定の確認

```
git branch -vv
```

　git branch -vvを実行すると、ローカルブランチに上流ブランチが設定され
ているかどうか見ることができます。設定されていない場合は以下のようにな
りますが、

```
$ git branch -vv
* master 2b77f35 hello.txt を追加
$
```

設定されていると以下のように[〈リモート〉/〈ブランチ〉]という形で上流ブラ
ンチが表示されます。

```
$ git branch -vv
* master 2b77f35 [origin/master] hello.txt を追加
$
```

まとめ

ややこしくなったのでまとめましょう。ローカルブランチの上流ブランチを設定できます。設定は.git/configに行なわれます。上流ブランチの設定法は主に3つあります。

- **git branch -u** を使う。すでにローカルブランチがあって、上流ブランチと関連づけたい場合に使います。
- **git push -u** を使う。リモートにまだブランチがない場合や、それ以外でもリモートブランチにプッシュする機会に使います。
- **git checkout -b** を使う。クローン後、リモート追跡ブランチをチェックアウトしてローカルブランチを作る場合に使います。ただしリモートの現在のブランチについてはクローンによって上流ブランチが自動的に設定されます。

このようにして上流ブランチを設定すれば、ローカルブランチをチェックアウトして単に**git pull**と打つだけで、上流ブランチの更新をローカルブランチに取り込めます。その設定はgit branch -vvで見ることができます。

演習

演習1

git102はリモートリポジトリをクローンして作ったので、masterブランチについて上流ブランチの設定がしてあるはずです。git branch -vvを実行してそれを確認しましょう。

演習2

git101では、masterブランチについてその設定がないはずです。これもgit branch -vvで確かめましょう。

演習3

git101のmasterブランチについて上流ブランチの設定をしましょう。そして正しく設定できたかgit branch -vvで確認しましょう。

演習4

　git101でmasterブランチにいくつか新しくコミットし、それをリモートリポジトリにプッシュします。その後、git102でmasterブランチをチェックアウトし、単にgit pullと打つと、リモートの更新が取り込まれることを確かめましょう。

　　コラム

リモートの詳しい情報を見る

git branch -vvで上流ブランチの設定を見ることができました。それよりも詳しい情報を見るには **git remote show** が使えます。

コマンド

```
$ git remote show origin
* remote origin
  Fetch URL: https://github.com/wakaru-git/git101.git
  Push  URL: https://github.com/wakaru-git/git101.git
  HEAD branch: master
  Remote branches:
    master    tracked
    serverfix new (next fetch will store in remotes/origin)
  Local branch configured for 'git pull':
    master merges with remote master
  Local ref configured for 'git push':
    master pushes to master (local out of date)
$
```

Remote branchesのところにmasterがtracked（追跡されている）とあって、リモート追跡ブランチorigin/masterがリモートブランチを追跡していることが分かります。serverfixはリモートに現れた新しいブランチであるため、ローカルにリモート追跡ブランチがまだありません（次回フェッチすると作られるでしょう）。
Local branch configured for 'git pull'のところが上流ブランチの設定です。master merges with remote masterとあり、ローカルのmasterの上流ブランチがリモートのmasterであることを示しています。

G 13 複数人で共同開発をする

1つのリモートリポジトリを使って複数人で開発をする
方法です。

更新をリモートからプルし、自分の変更をマージしてプッシュする

コマンド

```
git pull
git merge
git push リモート ブランチ名
```

　これまでは、基本的にある1人（たとえば開発者X）がリモートリポジトリにプッシュし、他方（開発者Y）がプルするという形で説明してきましたが、両者ともリモートリポジトリに対してプッシュ・プルをすることで、リモートリポジトリを共用リポジトリとした共同開発ができます（図5.30）。

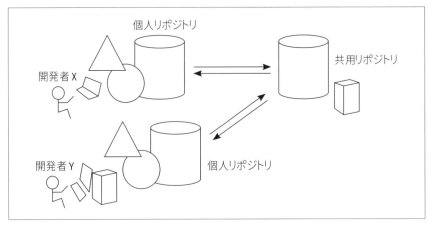

▲図5.30：共用リポジトリを使った共同開発

Gitを使うと、いろいろな共同開発の形態が可能です。ここではそのうち単純なやり方を1つ説明します。

共用リポジトリの設定

共用リポジトリは**裸のリポジトリ**（本章03節）とし、masterブランチのみを置きます。このmasterブランチが、開発が進むに従って伸びていきます。プロジェクトのメンバ全員が、このリポジトリにプッシュできる設定にします[10]。

個人リポジトリの設定

開発者それぞれが持つ個人リポジトリは、作業ツリーやステージがある普通のリポジトリとし、**共用リポジトリをリモートoriginとして参照**するように設定します。また、ローカルの**masterブランチは、共用リポジトリのmasterブランチ（origin/master）を追跡**する設定にします（本章12節）。これによってgit pullに引数を与えなくてもmasterブランチをプルできます。

作業手順

はじめの状態では、共用リポジトリと各個人リポジトリの内容を同じにします。誰かが共用リポジトリにプッシュして他の人々がそれをクローンしてもいいし、すでに共用リポジトリにあるデータをそれぞれがクローンしてもいいです。

その後は各自が随時、共用リポジトリのmasterの更新をgit pullで取り込みます。

変更を施したくなったら、自分の個人リポジトリにおいて、その時点のmasterの位置にブランチを作ります。たとえばそれをfixとします。そしてfix上で開発をします。masterはこれまで通り、随時プルをして更新します（図5.31）。

※10　この設定はアクセス方法（SSHなのかHTTPSなのか）やプラットフォームによります。GitHubなら、GUI操作でアクセス権の設定ができます。

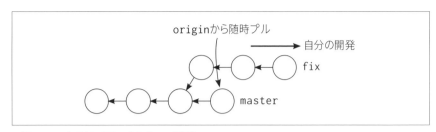

▲図5.31：自分はブランチを作って開発

　fix上での開発が一段落したら、その変更をリモートのmasterにマージします（図5.32）。そのために以下を行ないます。

1. git checkout master
   masterをチェックアウトする。

2. git pull
   masterをoriginからプルし、最新状態にする。

3. git merge --no-ff fix
   fixの変更をmasterにマージする。自分が行なった個別の変更をmasterに直接コミットしないように、--no-ffを指定してマージコミットを作ります。コンフリクトが起きたら手で対処します。

4. git push origin master
   masterをoriginにプッシュする。うまくいったらおしまい。もし「リジェクトされた（rejected、却下されたという意味)」と出てうまくいかなければ、次の5に行く。

5. git reset --hard HEAD^
   マージコミットを捨てる。2に行く。

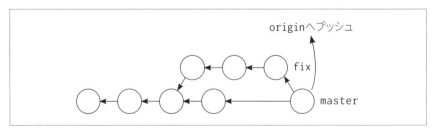

▲図5.32：自分の変更をリモートに反映する

なお、4で「リジェクトされた」というエラーが出るのは、自分が2から4をしている間に誰かがoriginのmasterにプッシュした場合です。そのときはマージコミットを捨て、masterをプルし直してからあらためてマージをし、originにプッシュします。

　以上の手順を繰り返して開発を進めると、共用リポジトリ内の履歴は図5.33のようになります。

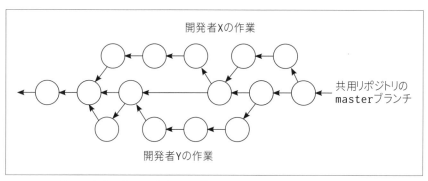

▲図5.33：共同開発時の共用リポジトリの様子

演習

演習1
　git101とgit102を個人リポジトリに見立てます。その両方でmasterをgit pullして、共用リポジトリと2つの個人リポジトリの内容を同じにしましょう。

演習2
　git101でmasterの位置にブランチfixを作り、fixに何度かコミットしてからそれをmasterにマージして、masterをoriginにプッシュします。その後git102でoriginからmasterをプルすると、git101でのmasterへの変更がgit102に反映されることを確かめましょう。

演習3
　git101でfixにさらに何度かコミットしてからfixをmasterにマージし、masterをoriginにプッシュします。それをgit102でプルせずに、git102でも現

在のmasterの位置にブランチfixを作って、そこに何度かコミットして
masterにマージし、masterをoriginにプッシュすると、「リジェクトされた」
エラーになります。それを起こしてみましょう。

演習4
　この不具合を、本文に示したやり方で解消しましょう。

Chapter6

履歴を操作する

この章では、一度リポジトリ内に作ったコミットの履歴を
操作する方法を説明します。バージョン管理システムの目
的は各バージョンの保持ですから、一度作った履歴を書き
換えるのは例外的ですが、それが便利な場合もあります。

> 2つのコミットの内容の差を差分といいます。差分はコミットに「適用」できます。

この章で説明するGitの機能は、**差分の適用**という操作を利用します。「コミットAとコミットBの差分をコミットCに適用してコミットDを作る」などといういい方をします（図6.1）。

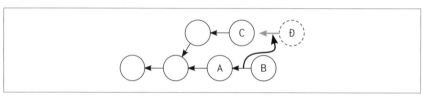

▲図6.1：差分の適用

パッチとハンク

コミット間の差分とは、第2章09節で見た、`git diff`の出力のことです。

```
$ git diff HEAD^ HEAD
diff --git a/program.txt b/program.txt
index e74065b..139a051 100644
--- a/program.txt
+++ b/program.txt
@@ -1,7 +1,6 @@
 春の大運動会
 * 開会式
-* 校長先生あいさつ
-* 教頭先生あいさつ
+* 校長先生の言葉
 * 選手宣誓
```

```
 * 準備体操
 * 玉入れ
@@ -12,4 +11,5 @@
 * 借り物競争
 * 騎馬戦
 * 表彰式
+* 教頭先生の言葉
 * 閉会式
```

このようなテキストを**パッチ**（patch）と呼びます。パッチは1つ以上の**ハンク**（hunk）からなります。1つのハンクは、1か所についての変更を示しています[1]。この例には2つのハンクがあります。「@@ -x,m +y,n @@」で始まる2つの部分です。xが変更前のその部分の最初の行番号、mが行数で、yは変更後のその部分の最初の行番号、nが行数です。

各ハンクは、どのファイルのどの部分において、どのような行が増えたか、あるいは減ったかを示します[2]。このためハンクには（そしてパッチにも）**向き**があります。コミットAとコミットBのパッチをgit diff A Bとして得ると、その出力はAのどの行を減らし、どういう行を加えればBになるかを表します。A + パッチ = Bという感じです。そこでこのパッチをB - Aと書くことにします。

パッチを当てる

パッチB - Aは「AをどうすればBになるか」を表しています。そのため、コミットAとパッチB - Aがあるとき、AにパッチB - Aが示す操作を施すことでBを得ることができます。この操作を、**パッチを当てる**（あるいは「適用する」）と呼びます。A + (B - A) = Bという感じです。

先ほどのパッチを以下のファイルに当てると、

---

[1]　ハンクはgit diffが1か所と見なしたところについての変更で、人間にとってひとまとまりに見える1か所とは違う場合もあります。

[2]　差分の形式によっては「行がどのように変わったか」という情報も示しますが、それは「行が減った上で行が増えた」と表すことができます。

▼リスト6.1：パッチを当てる前

春の大運動会
* 開会式
* 校長先生あいさつ
* 教頭先生あいさつ
* 選手宣誓
* 準備体操
* 玉入れ
* 大玉転がし
* 二人三脚
* 徒競走
* リレー
* 借り物競争
* 騎馬戦
* 表彰式
* 閉会式

次のファイルが得られます。

▼リスト6.2：パッチを当てた後

春の大運動会
* 開会式
* 校長先生の言葉
* 選手宣誓
* 準備体操
* 玉入れ
* 大玉転がし
* 二人三脚
* 徒競走
* リレー
* 借り物競争
* 騎馬戦
* 表彰式
* 教頭先生の言葉
* 閉会式

　さらに、Aに内容が**似ている**コミットCがあったとき、CにパッチB - Aを当てることもよくやります。パッチの各ハンクには、行番号と、追加あるいは削除された行の前後の行の情報が入っています。AとCが似ていれば、行もあま

りずれないでしょうし、前後もあまり変わらないでしょう。そうであれば、C
にB‐Aを（調整しながら）当てることができます。

逆パッチ

パッチB‐A中の各ハンクの行の増減を逆にすると、BからAを得るパッチ
A‐Bができます。これをB‐Aの**逆パッチ**と呼びます。

コミットが行なった変更はパッチとして表現できる

コミットAの後に変更をしてコミットBを行なったとき、BとAの差分は、
コミットBが行なった変更といえます。それは**パッチB‐A**として表現できま
す。コミットBの前のコミットはB^ですから[3]、**コミットBが行なった変更 =
B‐B^**です。この章ではこれをよく使います。

演習

演習1

あるコミットに含まれるファイルprogの内容が

```
#!/bin/sh

echo "Your age? "; read age
echo "Your age is $age."
```

であるとき、このファイルにパッチ

```
diff --git a/prog b/prog
index e4c168c..eefd94d 100644
--- a/prog
+++ b/prog
@@ -1,4 +1,5 @@
 #!/bin/sh
```

※3　マージコミットの場合には親コミットが複数あります。

```
+echo "Your name? "; read name
 echo "Your age? "; read age
-echo "Your age is $age."
+echo "You are $name, $age years old."
```

を当てると、その結果はどのようなファイルになるでしょうか。

演習2

HEADが行なった変更をパッチとして見るにはどういうコマンドを実行すれ
ばいいでしょうか。

演習3

これまで作ってきたプロジェクトにおいて、コミット間の差分を見て、どこ
がハンクかをよく見てみましょう。また、そのハンクの行番号と、増減してい
る行の情報も見てみましょう。

 以前にコミットした変更を 打ち消す

以前にあるコミットで行なった変更を打ち消すコミットを
作る方法です。

コミットによる変更を打ち消すコミットを作る

```
コマンド
git revert コミット
```

git revertは、指定したコミットが行なった**変更を打ち消す**新しいコミットを
作ります。git revert Xはそのために、Xが行なった変更を表すパッチの逆
パッチをHEADに適用します。

HEADが指すコミットを打ち消す

git revert HEADとすると、HEADが行なった変更が打ち消されます（図
6.2）。

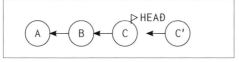

▲図6.2：直近のコミットをrevertで打ち消す

C'が、Cを打ち消す新しいコミットです。コミットメッセージを書くための
エディタが立ち上がります。打ち消しのメッセージの例が入っています。

▼リスト6.3：revert時のコミットメッセージの編集

```
Revert "commit C"

This reverts commit 04e958e75214c8da2daf33684968e7436d0a48dc.

# Please enter the commit message for your changes. Lines starting
# with '#' will be ignored, and an empty message aborts the commit.
# On branch master
# Changes to be committed:
#   (use "git reset HEAD <file>..." to unstage)
#
#       modified:   hello.txt
#
```

　これを適切に編集して保存し、終了します。この打ち消しの結果、コミット C'の内容（ファイルの中身など）はコミットBと同じになります。ただしコミットの日時などは違うので、BとC'は同一にはなりません（コミットIDも違うものになります）。

　この打ち消しの効果は、図6.3のようにgit reset --hard Bとしたのと似ていますが、一度行なった変更Cと、「打ち消した」という事実C'が**コミットとして残る**のが大きな違いです。

▲図6.3：resetの場合、変更が履歴として残らない

　特に、すでに他の誰かがコミットCを（リポジトリをクローンするなどして）利用しているなら、git resetでCを無くすと厄介なことになります。そういうときにはこのgit revertを使いましょう。

HEADが指すコミット以外を打ち消す

　HEADが指すコミット以外（Bとします）を指定すると、Bを打ち消すコミットB'がHEADの次のコミットになります（図6.4）。

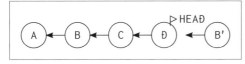

▲図6.4：直近のものでない変更を打ち消す

　この場合、Bが変更を行なった後で他のコミットCとÐが変更しているので、B′が行なおうとする変更（Bが行なった変更を表すパッチの逆）と、CやÐが行なった変更が重なってコンフリクトが起きる可能性があります。そのときには、自動的なマージに失敗した場合と同様に手でコンフリクトを解消し、git addしてからgit revert --continueとします。打ち消しを取りやめたいならgit revert --abortとすると最初の状態に戻ります。

コンフリクトが起きる例

　図6.5のような履歴があって、

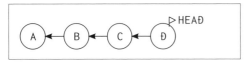

▲図6.5：revert前の履歴

各コミットに含まれているファイルhello.txtが以下のように変わっていったとします。

▼リスト6.4：コミットAのhello.txt

```
Hello!
```

▼リスト6.5：コミットBのhello.txt

```
Hello!
I'm a student.
```

▼リスト6.6：コミットCのhello.txt

```
Hello!
I'm a student.
This is a pen.
```

▼リスト6.7：コミットDのhello.txt

```
Hello!
I'm a student.
This is a pen.
Bye!
```

ここでBを打ち消そうとするとコンフリクトが発生します。

コマンド

```
$ git revert HEAD^^
Auto-merging hello.txt
CONFLICT (content): Merge conflict in hello.txt
error: could not revert b5e7b55... コミットB：自己紹介を追加
hint: after resolving the conflicts, mark the corrected paths
hint: with 'git add <paths>' or 'git rm <paths>'
hint: and commit the result with 'git commit'
$
```

hello.txtの内容はコンフリクトを示しています。

▼リスト6.8：コンフリクトが起きている

```
Hello!
<<<<<<< HEAD
I'm a student.
This is a pen.
Bye!
=======
>>>>>>> parent of b5e7b55 (コミットB：自己紹介を追加)
```

これを手で直します。コミットBはI'm a student.を加えたのですから、それだけを取り除いた状態にします。

▼リスト6.9：コンフリクトを手で解消した

```
Hello!
This is a pen.
Bye!
```

　これをgit addでステージし、git revert --continueを実行します※4。

コマンド

```
$ git add hello.txt
$ git revert --continue
```

　するとエディタが立ち上がるので、適切に編集し、

▼リスト6.10：revertでコンフリクトが起きた後のコミットメッセージの編集

```
Revert "コミットB：自己紹介を追加"

This reverts commit b5e7b554fc9e6f5751e6b8b45916e2a0775cbc83.

# Conflicts:
#       hello.txt

# Please enter the commit message for your changes. Lines starting
# with '#' will be ignored, and an empty message aborts the commit.
#
# On branch master
# You are currently reverting commit b5e7b55.
#
# Changes to be committed:
#       modified:   hello.txt
#
```

※4　メッセージ中のヒントにあるように、git commitとしてもよいです。

保存してエディタを終了すると、打ち消しが完了します。

```
[master 9012586] Revert "コミットB：自己紹介を追加"
 1 file changed, 1 deletion(-)
$
```

演習

演習1

　本文のコンフリクトの例のように履歴を作ってから、最後のコミットDを打ち消してみましょう。git logで、打ち消したコミットが履歴の中に残っていることも確認しましょう。

演習2

　その後、Bを打ち消そうとするとコンフリクトが起きるはずです。それを解消して、打ち消しを完了させましょう。

G03 履歴をつまみ食いする

履歴の中からコミットを1つ指定して、そのコミットが行なった変更を適用する方法です。

任意のコミットが表すパッチを適用する

コマンド

```
git cherry-pick コミット
git cherry-pick -e コミット
git cherry-pick --continue
git cherry-pick --abort
```

履歴の中にある任意のコミットが表すパッチをHEADに適用できます。これを**チェリーピック**（cherry-pick、いいもののつまみ食い）といいます。任意とはいっても、パッチが表す変更前の状態と、HEADの内容があまりにも違う場合には、パッチが当たりません。その場合は**コンフリクトが起きた**と見なされ、手で直す必要があります。

チェリーピックは、**別ブランチの変更を取り込む**のに使えます。図6.6のような履歴で、コミットĐによって行なった変更をコミットQに適用するには、HEADがブランチnextにある状態でgit cherry-pick masterとします（masterという指定はコミットĐを表しています）。

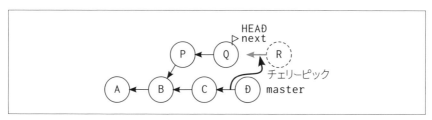

▲図6.6：チェリーピック

```
$ git cherry-pick master
[next 16a8c8b] commit Ð
 1 file changed, 1 insertion(+)
$
```

git revertと違って、コミットメッセージ編集のためのエディタは立ち上がらず、チェリーピックしたコミットのメッセージが利用されます。メッセージを編集したい場合、-eオプションを指定するとエディタが立ち上がります。

コンフリクトが起きたら

コンフリクトが起きたときには、git revertと同じように、手で直してgit cherry-pick --continueとするか、git cherry-pick --abortで元の状態に戻します。

例えばコミットグラフが先ほどの図6.6のようになる履歴で、ファイルhello.txtの内容が以下のようだったとします。

▼リスト6.11：コミットAのhello.txt

```
Hello!
```

▼リスト6.12：コミットBのhello.txt

```
Hello!
I'm a student.
```

▼リスト6.13：コミットCのhello.txt

```
Hello!
I'm a student.
This is a pen.
```

▼リスト6.14：コミットDのhello.txt

```
Hello!
I'm a student.
This is a pen.
Bye!
```

▼リスト6.15：コミットPのhello.txt

```
Hello!
I'm a student.
I have a pen.
```

▼リスト6.16：コミットQのhello.txt

```
Hello!
I'm a student.
I have a pen.
You have a pen, too.
```

HEADがnextにある状態でmasterの先端をチェリーピックすると、コンフリクトが発生します。

```
$ git cherry-pick master
Auto-merging hello.txt
CONFLICT (content): Merge conflict in hello.txt
error: could not apply 1ad953f... コミットD：別れのあいさつ
hint: after resolving the conflicts, mark the corrected paths
hint: with 'git add <paths>' or 'git rm <paths>'
hint: and commit the result with 'git commit'
$
```

hello.txtの中にコンフリクトの印があります。

▼リスト6.17：コンフリクトが起きている

```
Hello!
I'm a student.
<<<<<<< HEAD
I have a pen.
You have a pen, too.
=======
This is a pen.
Bye!
>>>>>>> 1ad953f (コミットD：別れのあいさつ)
```

コミット D がやりたかったのは、Bye! の1行の追加です。そこでこの部分を手で直します。

▼リスト6.18：コンフリクトを手で解消する

```
Hello!
I'm a student.
I have a pen.
You have a pen, too.
Bye!
```

そしてステージして git cherry-pick --continue を実行します。

```
$ git add hello.txt
$ git cherry-pick --continue
```

コンフリクトが起きた場合には、コミットメッセージを書くエディタが起動するので、適切にメッセージを編集します。

▼リスト6.19：コンフリクト時のコミットメッセージ編集

コミット D：別れのあいさつ

```
# Conflicts:
#       hello.txt
#
# It looks like you may be committing a cherry-pick.
# If this is not correct, please run
#       git update-ref -d CHERRY_PICK_HEAD
# and try again.


# Please enter the commit message for your changes. Lines starting
# with '#' will be ignored, and an empty message aborts the commit.
#
# Date:     Sat Feb 13 16:00:33 2021 +0900
#
# On branch next
# You are currently cherry-picking commit 1ad953f.
```

```
#
# Changes to be committed:
#       modified:   hello.txt
#
```

エディタを終了すると、コミットが続けられて完了します。

コマンド

```
[next 29f6375] コミットD：別れのあいさつ
 Date: Sat Feb 13 16:00:33 2021 +0900
 1 file changed, 1 insertion(+)
$
```

演習

演習1

　本文のコンフリクトの例と同じようにコミットの履歴を作り、チェリーピックしてコンフリクトを起こさせましょう。そしてそれを解消しましょう。

G 04 ブランチの根元を移す

あるコミットから先のブランチを、別のコミットの先に移すには、リベースという操作を行ないます。

ブランチをリベースする

コマンド

```
git rebase ブランチ
git rebase --continue
git rebase --abort
```

　Gitは一度作った履歴を変更できる機能を持ちます。git reset もその1つですが、もっと強力なのが**git rebase**です。このコマンドは、ブランチの根元を現在のところから別のところに移します。この操作を**リベース**（rebase）といいます。リベースをよく使うのは、masterブランチから分岐させたブランチをmasterブランチの先端に移す場合です。たとえば図6.7のような履歴を、図6.8のような履歴にするような場合です。

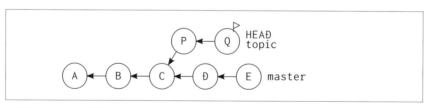

▲図6.7：リベース前

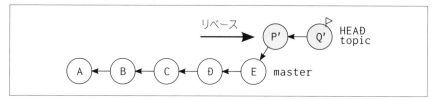

▲図6.8：リベース後

これをするには、topicブランチをチェックアウトしてからリベース操作をします。

```
$ git checkout topic
Switched to branch 'topic'
$ git rebase master
Successfully rebased and updated refs/heads/topic.
$
```

リベースは細かくいうと、**チェリーピックを連続して行なう**操作です[5]。図6.7の状態から、PとQを順にチェリーピックしてEに適用し、図6.8の状態にします。

なお、リベースは、チェリーピックによって移動先のブランチを作り、元のブランチはgit resetと同じやり方で切り取ります。そのため、**元のブランチと新しいブランチのコミットは**（ファイルへの変更としては同じですが、コミットとしては）**違うもの**になります。

コンフリクトが起きたら

リベース操作はチェリーピックですから、コンフリクトが起きる可能性があります。起きた場合の対処は、git revertやgit cherry-pickと同じです。コンフリクトを手で直してgit rebase --continueとするか、git rebase --abortで取りやめて元の状態に戻します。

例を見てみましょう。図6.9のようなコミットグラフで、

---

[5]　チェリーピックのところでは説明しませんでしたが、git cherry-pickの引数に複数のコミットを指定すると、それを順に適用します。git revertも（当てるのは逆パッチですが）同様です。

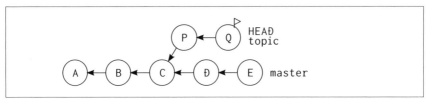

▲図6.9：リベース前のコミットグラフ

各コミットに含まれるhello.txtの内容が以下のようだったとします。

▼リスト6.20：コミットAのhello.txt

```
A
```

▼リスト6.21：コミットBのhello.txt

```
A
B
```

▼リスト6.22：コミットCのhello.txt

```
A
B
C
```

▼リスト6.23：コミットDのhello.txt

```
A
B
C
D
```

▼リスト6.24：コミットEのhello.txt

```
A
B
C
D
E
```

▼リスト6.25：コミットPのhello.txt

```
A
B
C
P
```

▼リスト6.26：コミットQのhello.txt

```
A
B
C
P
Q
```

　ブランチtopicをmasterの先端にリベースすると、コンフリクトが起きます。

```
$ git checkout topic
Switched to branch 'topic'
$ git rebase master
Auto-merging hello.txt
CONFLICT (content): Merge conflict in hello.txt
error: could not apply 38ea452... commit P
Resolve all conflicts manually, mark them as resolved with
"git add/rm <conflicted_files>", then run "git rebase --continue".
You can instead skip this commit: run "git rebase --skip".
To abort and get back to the state before "git rebase", run "git
rebase --abort".
Could not apply 38ea452... commit P
$
```

　コミットPが表すパッチの適用に失敗した、と表示されています。ファイルhello.txtの内容は以下のようになっています。

▼リスト6.27：コミットPが表すパッチの適用に失敗

```
A
B
```

```
C
<<<<<<< HEAD
D
E
=======
P
>>>>>>> 38ea452 (commit P)
```

　ここであわてずに、リベースがチェリーピックの連続であることを思い出しましょう。いま失敗したのは、コミットPのチェリーピックです。つまりこのコンフリクトを解消するには、Pがしようとした変更（Pの行を加える）をHEAD（AからEまでがある）に適用した状態になるようにすればよいのです。そこでエディタでhello.txtを以下のように修正し、

▼リスト6.28：コンフリクトを解消

```
A
B
C
D
E
P
```

ステージして git rebase --continue します。

コマンド

```
$ git add hello.txt
$ git rebase --continue
```

　コミットメッセージを編集するためのエディタが立ち上がったら、必要であればメッセージを修正して保存し、エディタを終了すると、リベースが完了します。

コマンド

```
[detached HEAD 2ef6b1e] commit P
 1 file changed, 1 insertion(+)
Successfully rebased and updated refs/heads/topic.
$
```

エラーが起きなかったので、Qの変更を表すパッチの適用はコンフリクトを起こさずに成功したようです。

演習

演習1

　本文のコンフリクトの例と同じ状況を作り、リベース操作をする前に`git log --graph --oneline --all`や`gitk --all`で履歴の状態を表示させましょう。

演習2

　本文に従ってリベースし、コンフリクトを解消してみましょう。

演習3

　履歴の状態を再度見て、リベースでどのように変わったか確認しましょう。

G 05 共同開発でリベースを使う

共同開発では、ブランチ構造が複雑にならないようにリベースを利用します。

複雑なコミットグラフ

コマンド

```
git pull
git rebase master
git merge
git push origin master
```

　共同開発についての項（第5章13節）では、それぞれの開発者は自分が行なった変更を共用リポジトリに反映させるときに、masterブランチに自分のブランチを単にマージしてから共用リポジトリにプッシュしました。そのようにすると、共用リポジトリの履歴は、いくつもの変更が並行して行なわれたように複雑になります（図6.10）。

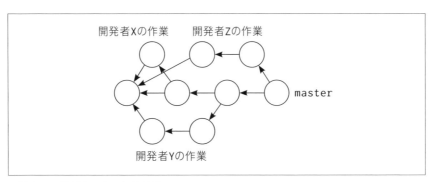

▲図6.10：複雑なコミットグラフ

　これを避けるために、次のようにリベースが使えます。

コミットグラフを単純にする

　開発者が、自分のブランチをmasterにマージする前に、**masterに対してそのブランチをリベース**します。これによって、masterの最新コミットに対して変更を施すブランチとすることができ、並行した複雑なコミットグラフにならずにすみます（図6.11）。

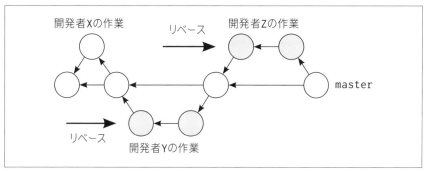

▲図6.11：リベースを使って履歴を単純化する

　手順は以下のようになります。自分のブランチをfixとします。

1. `git checkout master`
   masterをチェックアウトする。
2. `git pull`
   masterをoriginからプルし、最新の状態にする。
3. `git checkout fix`
   リベースのためにfixをチェックアウトする。
4. `git rebase master`
   masterに対してfixをリベースする。コンフリクトが起きたら適切に対処します。
5. `git checkout master`
   マージのためにmasterをチェックアウトする。
6. `git merge --no-ff fix`
   fixの変更をmasterにマージする。早送りマージができますが、マージの記録を残すために`--no-ff`としてマージコミットを作ります。コンフリクトは起きません。

7. `git push origin master`

master を origin にプッシュする。うまくいったら終わりです。もし他の人がリモートの master を更新していたら「リジェクトされた」エラー（第5章13節）になります。その場合には次の8に行きます。

8. `git reset --hard HEAD^`

マージコミットを捨てて2に行く。

簡単な例

簡単な例でこの作業を見てみましょう。共用リポジトリにhello.txtというファイルがあります。

▼リスト6.29：作業のベースとなる共通のhello.txt

```
A
```

これを開発者Xと開発者Yがそれぞれクローンして個人リポジトリを作りました。そして開発者Xはブランチtopicを作り、そこでこのファイルに変更を加えて以下のようにし、

▼リスト6.30：開発者Xによる変更

```
A
B
```

この変更をmasterに取り込んで共用リポジトリにプッシュしました。このとき、共用リポジトリの履歴は図6.12のようになります。

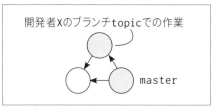

開発者Xのブランチtopicでの作業

master

▲図6.12：開発者Xによる共用リポジトリの更新

一方、開発者Yはブランチfixを作り、そこでファイルhello.txtを以下のように編集しました。

▼リスト6.31：開発者Yによる変更

```
A
C
```

この変更をコミットすると、Yのローカルリポジトリは図6.13のような状態になります。

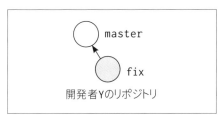

▲図6.13：ローカルリポジトリでの開発者Yの作業

ここからYは先ほどの手順に従います。まず共用リポジトリのmasterをプルします。

コマンド

```
$ git checkout master
Switched to branch 'master'
Your branch is up to date with 'origin/master'.
$ git pull
[略]
From https://github.com/wakaru-git/coop
  89695f7..640ff0f  master     -> origin/master
Updating 89695f7..640ff0f
Fast-forward
 hello.txt | 1 +
 1 file changed, 1 insertion(+)
$
```

　Xが行なった変更が取り込まれ、Yの個人リポジトリの履歴は図6.14のようになります。

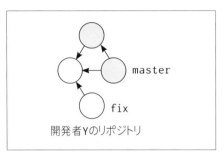

master

fix

開発者Yのリポジトリ

▲図6.14：ローカルリポジトリのmasterブランチを最新にした

　このmasterに対してfixをリベースします。コンフリクトが起きなければそれでよいのですが、この場合は開発者Xと開発者Yが同じ部分を変更したためコンフリクトが起きます。

`コマンド`

```
$ git checkout fix
Switched to branch 'fix'
$ git rebase master
Auto-merging hello.txt
CONFLICT (content): Merge conflict in hello.txt
error: could not apply ba0c6c0... commit C
Resolve all conflicts manually, mark them as resolved with
"git add/rm <conflicted_files>", then run "git rebase --continue".
You can instead skip this commit: run "git rebase --skip".
To abort and get back to the state before "git rebase", run "git
rebase --abort".
Could not apply ba0c6c0... commit C
$
```

　hello.txtの内容は次のようになっています。

▼リスト6.32：リベースで起きたコンフリクト

```
A
<<<<<<< HEAD
B
```

```
=======
C
>>>>>>> ba0c6c0 (commit C)
```

masterのHEADにAとBの行があり、fixはCを加えたいので、以下のように編集します。

▼リスト6.33：コンフリクトを解消

```
A
B
C
```

これをステージしてリベースを続けます。コミットメッセージの編集などを経て、リベースを完了します。

```
$ git add hello.txt
$ git rebase --continue
[detached HEAD 966314b] commit C
 1 file changed, 1 insertion(+)
Successfully rebased and updated refs/heads/fix.
$
```

これで新しいfixはmasterの最新コミットに対する変更となりました（図6.15）。

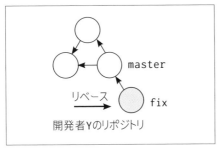

▲図6.15：最新のmasterに対する変更にした

fixをmasterにマージします。

```
$ git checkout master
Switched to branch 'master'
Your branch is up to date with 'origin/master'.
$ git merge --no-ff fix
Merge made by the 'recursive' strategy.
 hello.txt | 1 +
 1 file changed, 1 insertion(+)
$
```

履歴は図6.16のようになります。

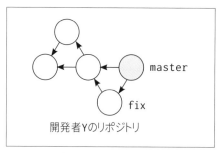

master

fix

開発者Yのリポジトリ

▲図6.16：変更をmasterにマージ

最後にmasterを共用リポジトリにプッシュします。

```
$ git push origin master
```

これが「リジェクトされた」エラーで失敗したら、マージコミットを捨てて
originのmasterをプルするところからやり直します。

> ➤ **メ　モ** ▶

自分がマージ作業をしている間に他の誰かがリモートのmasterを更新することで発生するこのやり直しは無駄なので、何らかの連絡手段を使ってあらかじめ他の開発者に「これからマージ作業をするからmasterを更新しないで」と伝えてからマージ作業を始めるほうが効率的です。

演習

演習1

本文の例を実際にやってみましょう。以下の手順でやるといいでしょう。

1. GitHubにリポジトリgit103を作る。
2. ローカルにディレクトリgit104を作り、`git init`して、そこに最初のコミットを作る。
3. そのリモートとしてGitHubのgit103を登録し、`master`をプッシュする。
4. 別のディレクトリに移り、GitHubのgit103をクローンする。

これにより、手元にgit103とgit104という名前のディレクトリに入ったリポジトリができるので、それらをそれぞれの開発者の個人リポジトリに見立てます。

演習2

最終的にできたコミットグラフを、GitHubのGUIで確認しましょう。リポジトリのメインページの上部に並んでいるタブからInsights > NetworkでNetwork graph（コミットグラフ）が見られます。

INDEX

さ

た

おわりに

　この本では、Git を使った基本的なバージョン管理を読者に体験してもらいました。Git は強力なバージョン管理ツールで、本書で説明した使い方を応用したいろいろな形態のバージョン管理が可能です。それぞれのソフトウェアプロジェクトには、それ自身のバージョン管理方法があるものですが、本書の内容を身につけていれば、Git を使ったそのようなバージョン管理に対応していけるでしょう。

　なお、この本では、Git そのものの動作を理解してもらうために、基本的なコマンドに限って、その基本機能だけを説明しました。それぞれのコマンドには便利なオプションがたくさんありますし、説明していないコマンドも多数あります。もしも「これをいちいちやるのは面倒だな」「この表示はもっとこうならないのか」「こういうことができたら便利なのに」などと思ったら、コマンドのヘルプやリファレンス本などを見て、便利なコマンドやオプションを探すことをお勧めします。

　この本を読むことで、Git は恐くない、だいたい何をやってるか分かる、と読者が感じるようになってくれたなら、筆者にとってこれ以上の喜びはありません。

2021 年 10 月

冨永　和人

著者プロフィール

- 冨永 和人（とみなが・かずと）

  1966年生まれ。

  1994年東京工業大学理工学研究科情報工学専攻博士課程単位取得退学。

  1996年同専攻より博士（工学）の学位を取得。

  東京工科大学工学部情報工学科講師、同助教授、米国イリノイ大学アーバナ＝シャンペーン校コンピュータサイエンス学科客員研究員、東京工科大学コンピュータサイエンス学部准教授などを経て、2012年4月に独立。現在、和（かのう）情報網 代表。博士（工学）。

  主な著著（共著）に『図解コンピュータ概論 ソフトウェア・通信ネットワーク』（オーム社）、『組込みユーザのための アセンブリ/C言語読本』（オーム社）、『例解UNIX/Linuxプログラミング教室』（オーム社）、『C言語プログラミング基本例題88+88』（コロナ社）がある。

装丁・本文デザイン	森 裕昌
本文イラスト	オフィスシバチャン
カバーイラスト	iStock.com/TarikVision
編集・DTP	株式会社シンクス
校正協力	佐藤 弘文
検証協力	村上 俊一

動かして学ぶ！Git 入門

ギット

2021年11月4日　　初版第1刷発行

著　者	冨永 和人（とみなが・かずと）
発行人	佐々木 幹夫
発行所	株式会社翔泳社（https://www.shoeisha.co.jp）
印刷・製本	株式会社ワコープラネット

ISBN978-4-7981-7085-5
Printed in Japan